U0680342

基于物联网的单片机教学创新与实践研究

李宗睿　侯　艳◎著

中国铁道出版社有限公司
CHINA RAILWAY PUBLISHING HOUSE CO., LTD.

北京

图书在版编目（CIP）数据

基于物联网的单片机教学创新与实践研究 / 李宗睿，
侯艳著. -- 北京：中国铁道出版社有限公司，2024.11

ISBN 978-7-113-31547-4

Ⅰ. TP368.1

中国国家版本馆CIP数据核字第2024ZD5988号

书　　名：基于物联网的单片机教学创新与实践研究
　　　　　JIYU WULIANWANG DE DANPIANJI JIAOXUE CHUANGXIN YU SHIJIAN YANJIU

作　　者：李宗睿　侯　艳

责任编辑：昊　源　　　编辑部电话：（010）51873005
封面设计：文　亮
责任校对：苗　丹
责任印制：赵星辰

出版发行：中国铁道出版社有限公司（100054，北京市西城区右安门西街 8 号）
网　　址：https://www.tdpress.com
印　　刷：北京铭成印刷有限公司
版　　次：2024 年11月第1版　2024 年11月第1次印刷
开　　本：710 mm×1 000 mm　1/16　印张：16　字数：287千
书　　号：ISBN 978-7-113-31547-4
定　　价：85.00 元

前　言

随着科技的飞速发展，物联网已成为推动全球数字化转型的重要力量。物联网技术通过将各种智能设备与网络连接，实现数据的实时收集、交换和分析，为人们的生活带来了前所未有的便利和效率。在这一背景下，单片机作为物联网设备中的核心控制单元，其教学和实践的创新显得尤为重要。

单片机技术作为电子信息技术领域的重要分支，一直以来都是高校电子类专业学生的必修课程。然而，传统的单片机教学模式往往侧重于理论知识的传授，而忽视了与物联网技术的融合及对学生实践能力的培养。这导致学生在面对实际项目时，往往感到无从下手，难以将所学知识应用于实际问题的解决中。因此，开展基于物联网的单片机教学创新与实践研究，具有重要的现实意义和紧迫性。本书旨在通过引入物联网技术，改革传统的单片机教学模式，加强理论与实践的结合，提高学生的创新能力和实践能力。

在本书撰写过程中，参阅和引用了一些文献资料，谨向它们的作者表示感谢；感谢一直以来支持、鼓励和鞭策作者成长的师长和学界同仁。由于水平有限，书中难免存在不妥甚至谬误之处，敬请广大学界同仁和读者批评指正。

李宗睿　侯　艳

2024 年 7 月

目　录

第一章　物联网与单片机概述

第一节　物联网的基本概念与发展

一、物联网的起源

（一）物联网的萌芽

物联网（internet of things，IoT）的起源可以追溯到 20 世纪末，随着计算机和通信技术的飞速发展，人们开始探索将计算机网络的连接能力扩展到物理世界的各种物体上。最初，这种设想仅停留在理论层面，但随着无线传感器网络、射频识别（radio frequency identification，RFID）技术等关键技术的突破，物联网的概念逐渐清晰并得到了广泛的关注。

（二）物联网技术的早期应用

在物联网技术的早期，人们主要关注如何通过技术手段实现物体之间的信息交互。RFID 技术的出现，使得物体能够被唯一标识，并通过无线信号传输数据。这种技术最初被广泛应用于物流、仓储等领域，极大地提高了这些行业的效率。

（三）物联网技术的逐步成熟

随着云计算、大数据、人工智能等技术的不断发展，物联网技术也逐步走向成熟。云计算为物联网提供了强大的数据处理和存储能力，使得海量的物联网数据能够得到有效的利用。大数据技术则使得人们能够从这些数据中挖掘出有价值的信息，为决策提供支持。人工智能技术的引入，使得物联网设备能够具备一定的智能决策能力，提高了系统的自动化水平。

（四）物联网技术的广泛应用

如今，物联网技术已经渗透到人们生活的方方面面。从智能家居、智慧城市到工业自动化、环境监测，物联网技术都在发挥着越来越重要的作用。物联网的应用不仅改变了人们的生活方式，也推动了社会的进步和发展。

二、物联网的定义

物联网是指通过信息传感设备，按照约定的协议，对任何物品进行信息交换和通信，以实现智能化识别、定位、跟踪、监控和管理的一种网络。简单来说，物联网就是物物相连的互联网，它将现实世界中的物体通过互联网连接起来，实现了信息的互联互通。

物联网的核心是感知层、网络层和应用层。感知层负责收集物体的信息，通过网络层将信息传输到应用层进行处理和分析。应用层则是物联网技术与实际应用的结合点，通过智能化的应用服务，实现对物体的智能识别、定位、跟踪、监控和管理。

物联网的发展离不开传感器技术、嵌入式系统技术、无线通信技术、云计算技术等关键技术的支持。这些技术的发展和应用，为物联网的实现提供了可能。同时，物联网的发展也推动了这些技术的不断进步和创新。

三、物联网的核心技术

物联网作为现代信息技术的重要组成部分，其实现和发展依赖于一系列核心技术。

（一）传感器技术

传感器技术是物联网感知层的核心，它负责将物理世界中的信息转化为计算机可以处理的数字信号。传感器种类繁多，包括温度传感器、湿度传感器、压力传感器、光传感器等，它们能够感知物体的各种属性，如温度、湿度、压力、光照等。

传感器技术的发展体现在以下几个方面：一是精度的提高，使得传感器能够更准确地感知环境参数；二是智能化程度的提升，传感器不仅能够感知数据，还能对数据进行初步处理和分析；三是低功耗设计，延长了物联网设备的续航时间；四是微型化和集成化，使得传感器能够嵌到更小的设备中，实现更广泛的应用。

传感器技术的应用领域十分广泛，从智能家居、环境监测到工业自动化、医疗健康等，都离不开传感器技术的支持。随着物联网的快速发展，传感器技术也在不断进步和创新，为物联网的应用提供了更强大的感知能力。

（二）无线通信技术

无线通信技术是物联网网络层的关键技术，它负责将感知层收集到的数据传输到应用层进行处理。无线通信技术种类繁多，包括 Wi-Fi、蓝牙、ZigBee、LoRa、NB-IoT 等，它们各有特点，适用于不同的应用场景。

无线通信技术的发展趋势是向低功耗、广覆盖、高可靠性方向发展。低功耗设计使得物联网设备能够在电池供电的情况下长时间运行；广覆盖保证了物联网设备能够在各种环境下稳定传输数据；高可靠性则保证了数据传输的准确性和完整性。

无线通信技术在物联网中的应用十分广泛，如智能家居中的设备连接、智慧城市中的数据传输、工业自动化中的远程控制等。随着 5G、6G 等新一代通信技术的不断发展，无线通信技术将为物联网的应用提供更强大的支持。

（三）云计算技术

云计算技术为物联网提供了强大的数据处理和存储能力。云计算平台通过虚拟化技术将计算资源、存储资源、网络资源等整合起来，为物联网应用提供灵活、可扩展的服务。

云计算技术在物联网中的应用主要体现在以下几个方面：一是海量数据的存储和管理，物联网设备产生的大量数据需要云计算平台提供足够的存储空间；二是数据的实时处理和分析，云计算平台能够对物联网数据进行实时处理和分析，提取有价值的信息；三是应用服务的部署和管理，云计算平台能够为物联网应用提供稳定可靠的服务支持。

随着云计算技术的不断发展，物联网应用将能够享受到更强大的数据处理和存储能力，实现更智能、更高效的服务。

（四）人工智能与大数据技术

人工智能和大数据技术是物联网应用层的重要支撑。人工智能技术使得物联网设备能够具备一定的智能决策能力，大数据技术则能够对物联网数据进行深度挖掘和分析，发现数据中的规律和价值。

人工智能技术在物联网中的应用包括机器学习、深度学习、自然语言处理等技术，它们使得物联网设备具备自主学习和适应环境的能力。大数据技术则能够对物联网产生的海量数据进行收集、存储、分析和可视化，为物联网应用提供决策支持。

随着人工智能和大数据技术的不断发展，物联网应用将能够实现更智能、更精准的服务，为人们带来更加便捷和舒适的生活体验。

四、物联网的发展历程

物联网的发展历程可以从三个方面进行细致的分析，包括技术起源与早期探索、技术突破与初步应用、产业成熟与广泛应用。

（一）技术起源与早期探索

物联网的概念起源于 20 世纪末，由美国麻省理工学院的凯文·阿什顿教授首次提出。他认为，通过信息传感设备，将任何物品与互联网连接起来，实现智能化识别、定位、跟踪、监控和管理，这就是物联网。早期，物联网主要处于理论研究和技术探索阶段，人们开始思考如何将计算机网络的连接能力扩展到物理世界的各种物体上。

在这一阶段，RFID 技术作为物联网的核心技术之一，开始受到关注。RFID 技术通过无线电信号识别特定目标并读写相关数据，而无须识别系统与特定目标之间建立机械或光学接触。这种技术的出现，为物联网的实现提供了可能。同时，无线传感器网络（wireless sensor networks，WSN）技术也开始兴起，它能够通过无线通信技术将分布在网络中的传感器节点连接起来，实现数据的采集、处理和传输。

（二）技术突破与初步应用

进入 21 世纪后，物联网技术取得了突破性的进展。2005 年，国际电信联盟（ITU）发布了《ITU 互联网报告 2005：物联网》，正式提出了"物联网"的概念，并指出物联网通信时代即将来临。同年，RFID 技术、传感器技术、纳米技术、智能嵌入技术等得到了更加广泛的应用，物联网行业开始进入初步发展阶段。

在这一阶段，物联网技术开始应用于一些特定的领域，如物流、交通、安防等。例如，在物流领域，物联网技术可以实现货物的实时追踪和监控；在交通领域，物联网技术可以实现智能交通管理和车辆调度；在安防领域，物联网技术可以实现智能监控和报警系统。这些应用案例的出现，标志着物联网技术开始从理论走向实践。

（三）产业成熟与广泛应用

近年来，随着云计算、大数据、人工智能等技术的不断发展，物联网技术也逐渐成熟，并得到了广泛的应用。从智能家居到智慧城市，从工业自动化到环境监测，物联网技术都在发挥着越来越重要的作用。

在这一阶段，物联网技术的应用领域不断扩大，涵盖了生活的方方面面。例如，在智能家居领域，物联网技术可以实现家庭设备的互联互通和智能化控制；在智慧城市领域，物联网技术可以实现城市基础设施的智能化管理和服务；在工业自动化领域，物联网技术可以实现工厂设备的互联互通和智能化生产；在环境监测领域，物联网技术可以实现环境数据的实时监测和分析。

同时，物联网产业也呈现出快速发展的态势。各国政府纷纷将物联网列为战略性新兴产业进行重点培育和发展。企业也加大了对物联网技术的研发投入和应用推广力度。这些因素的共同作用下，物联网产业正迎来一个快速发展的黄金时期。

五、物联网的未来趋势

（一）5G 及更高代通信技术的深度融合

随着 5G 技术的普及和商用化，物联网将迎来全新的发展机遇。5G 的高速率、低延迟和大容量特性，为物联网提供了前所未有的通信能力。物联网设备能实现快速、稳定的数据传输，极大地拓展了物联网的应用场景。例如，在智能交通领域，5G 技术可以支持车辆间实时通信，实现自动驾驶和智能交通管理。在远程医疗领域，5G 技术可以实现高清视频传输和远程手术指导，提高医疗服务的质量和效率。

同时，随着 6G 等更高代通信技术的研发，物联网的通信能力将得到进一步提升。未来的物联网将能够实现更广泛的网络覆盖、更高效的资源调度和更智能的决策支持。

（二）人工智能与物联网的深度结合

人工智能技术的快速发展为物联网带来了智能化的可能。未来，物联网将与人工智能深度结合，实现更加智能化的应用。通过引入机器学习、深度学习等算法，物联网设备将能够自主学习、自我优化和自主决策。例如，在智能家居领域，智能家电将能够根据用户的生活习惯自动调整工作模式和参数，提供更加个性化的服务。在工业自动化领域，智能机器人将能够自主完成生产线的任务分配和调度，提高生产效率和产品质量。

此外，人工智能还将为物联网提供更加强大的数据分析和处理能力。通过对海量数据的深度挖掘和分析，可以发现隐藏在数据背后的规律和趋势，为物联网应用提供更加精准的决策支持。

（三）物联网安全性的持续强化

随着物联网的广泛应用，其安全性问题也日益突出。未来，物联网将在安全性方面持续强化，确保设备、数据和应用的安全可靠。一方面，将采用更加先进的加密技术和身份认证机制，保护物联网设备免受网络攻击和恶意入侵；另一方面，将加强物联网设备的安全防护和漏洞修复能力，确保设备在遭受攻击时能够被及时发现并修复漏洞。

此外，物联网还将建立更加完善的安全体系和管理机制。通过制定统一的安全标准、建立设备身份认证体系、加强数据安全保护和完善风险评估和应急响应机制等措施，全面提高物联网系统的安全性。

（四）物联网与可持续发展的深度融合

随着全球对环境保护和可持续发展的重视，物联网将在可持续发展方面发挥重要作用。未来，物联网将与可持续发展深度融合，推动能源、交通、农业等领域的绿色转型。例如，在能源领域，物联网可以实现智能电网和分布式能源系统的构建，提高能源利用效率并减少能源浪费。在交通领域，物联网可以实现智能交通管理和绿色出行方案的设计，减少交通拥堵和碳排放。在农业领域，物联网可以实现精准农业和智慧农业的发展，提高农业生产效率和资源利用效率。

总之，物联网的未来趋势将为物联网的发展带来更加广阔的空间和机遇。

第二节 单片机的定义、分类及应用

一、单片机的定义与特点

（一）单片机的定义

单片机（single-chip microcomputer）又称微控制器（microcontroller）或单片微计算机（MCU），是一种集成电路芯片，它将计算机的中央处理器（CPU）、随机存储器（RAM）、只读存储器（ROM）、输入/输出（I/O）接口、中断系统、定时器/计数器等功能部件集成到一块硅片上，形成了一个小而完善的微型计算机系统。单片机通过软件编程可以实现特定的控制功能，广泛应用于工业控制、家用电器、网络通信等领域。

单片机的核心特点是集成度高、体积小、功耗低、可靠性高。由于它将多个功能部件集成在单一的芯片上，因此具有高度的集成性，从而大大减少了系统的复杂性和成本。同时，单片机体积小巧、功耗低，非常适合应用于嵌入式系统。此外，单片机采用大规模集成电路技术制造，具有较高的可靠性和稳定性。

（二）单片机的特点分析

（1）强大的数据处理能力。单片机具有完整的计算机体系结构，包括CPU、内存、I/O接口等，可以执行复杂的控制任务和数据处理任务。

（2）丰富的I/O接口。单片机通常具有多个I/O接口，可以与外围设备进行通信和数据交换。这些接口包括并行I/O接口、串行通信接口、A/D和D/A转换接口等。

（3）灵活的软件编程能力。单片机可以通过软件编程实现特定的控制功能。这种灵活性使得单片机能够适应不同的应用场景和需求。同时，软件编程也使得单片机的功能可以很容易地进行扩展和升级。

（4）广泛的应用领域。单片机广泛应用于工业控制、家用电器、网络通信、汽车电子等领域。例如，在工业控制中，单片机可以实现生产线的自动化控制；

在家用电器中，单片机可以实现智能控制功能；在网络通信中，单片机可以实现数据传输和处理等。

（三）单片机的技术演进

自 20 世纪 80 年代以来，单片机技术经历了从简单到复杂、从低端到高端的发展过程。早期的单片机以 4 位、8 位为主，主要用于简单的控制任务。随着技术的不断进步和市场需求的变化，单片机的性能和功能不断得到提升和扩展。目前市场上的单片机已经发展到了 32 位、64 位甚至更高位数，具备了强大的数据处理能力和丰富的功能特性。

（四）单片机的应用前景

随着物联网、人工智能等技术的不断发展，单片机作为嵌入式系统的核心部件之一，将在更多领域得到应用。未来单片机将朝着更高性能、更低功耗、更小体积的方向发展，以满足不断增长的市场需求。同时，随着软件技术的不断进步和应用场景的不断拓展，单片机的应用领域也将更加广泛和深入。

二、单片机的分类与选型

（一）单片机的分类

单片机的分类通常可以从多个角度进行，下面从处理器架构、功能、应用领域和字长四个方面进行详细分析。

1.基于处理器架构的分类

（1）8 位单片机。这类单片机成本低、功耗低，适用于资源有限、计算复杂度较低的应用。常见的代表有 8051 系列单片机，它们具有广泛的应用和较强的兼容性。

（2）16 位单片机。相比 8 位单片机，16 位单片机拥有更大的计算能力和更丰富的外设接口，适用于计算复杂度较高的应用。例如，PIC24 和 dsPIC 系列单片机，在嵌入式控制和信号处理领域被广泛使用。

（3）32 位单片机。具备强大的处理能力和高度集成的特点，能够处理大规模、复杂的任务。ARM Cortex-M 系列单片机是当前应用最广泛的 32 位单片机，广泛应用于智能家居、工业自动化、车载电子等领域。

2.基于功能的分类

（1）通用型单片机。集成了基本的计算、存储和输入／输出功能，适用于一般性的嵌入式应用。PIC、8051等系列单片机是通用型单片机的代表。

（2）控制型单片机。具有丰富的外设接口和专用的控制功能，适用于工业控制、家电控制等领域。例如，STC系列的控制型单片机在电机控制、电子开关等方面应用广泛。

（3）通信型单片机。具有专门的通信接口和协议支持，适用于无线通信、物联网等领域。ESP系列的通信型单片机可以直接连接Wi-Fi网络，实现远程通信。

3.基于应用领域的分类

（1）汽车电子单片机。具备抗干扰、高可靠性和低功耗的特点，广泛应用于汽车电子系统。Freescale系列单片机在车身控制、发动机管理等方面应用广泛。

（2）家电控制单片机。具有丰富的接口和专用控制功能，适用于家电控制系统。STC系列单片机在智能家居、家电控制等方面应用广泛。

4.基于字长的分类

（1）4位单片机。控制功能较弱，CPU一次只能处理4位二进制数，常用于计算器、智能单元和家用电器中的控制器。

（2）8位单片机。控制功能较强，品种齐全，具有较大的存储容量和寻址范围，广泛应用于各种嵌入式系统和自动控制领域。

（二）单片机的选型

单片机的选型是一个综合考虑多方面因素的过程，下面从性能、特殊功能、储存大小、运行速度、I/O口数量、工作电压、抗干扰性能、模拟电路功能、封装形式和开发成本等方面进行分析。

（1）性能。根据项目方案的功能需求和程序的复杂程度来选择单片机的性能。

（2）特殊功能。在开发阶段，推荐使用MTP单片机进行开发测试，因其可擦写的特殊功能，便于重复删除烧录程序。

（3）储存大小。根据项目需求选择适当大小的存储空间，够用即可，避免浪费成本。

（4）运行速度。在保证稳定性和抗干扰性的前提下，考虑单片机的时钟频率和运行周期，但需注意速度越快功耗越大。

（5）I/O 口数量。根据实际需求量确定 I/O 口的个数，避免增加成本和体积。

（6）工作电压。根据项目需求选择合适的工作电压范围。

（7）抗干扰性能。对于工业环境中的产品，需选择抗干扰性强的单片机。

（8）模拟电路功能。根据项目需求确定是否采用具有 AD 转换器、PWM、比较器等特殊模块的单片机。

（9）封装形式。根据项目对体积的要求选择合适的封装形式，如 DIP、QFP、SOP 等。

（10）开发成本。考虑单片机的开发工具、编程器、仿真器等成本，以及开发人员的适用性。

（三）选型注意事项

在单片机选型过程中，需要注意以下几点：

（1）明确项目需求。在选型前，需要明确项目的功能需求、性能要求、成本预算等。

（2）了解市场情况。对市场上的单片机产品有一定了解，包括品牌、型号、性能、价格等。

（3）综合考虑各因素。在选型时，需要综合考虑性能、功能、成本、开发难度等因素，作出最佳决策。

（4）考虑可扩展性。在选型时，考虑单片机的可扩展性，以便在未来根据需要进行升级和扩展。

（5）注意兼容性。在选择单片机时，需要注意其与现有硬件和软件的兼容性，以避免不必要的麻烦。

三、单片机在日常生活中的应用

（一）家电领域的应用

单片机在家电领域的应用已经深入人们的日常生活，几乎无处不在。从传统的洗衣机、冰箱、空调，到现代的智能电视、智能音箱、扫地机器人等，单片机都扮演着至关重要的角色。

（1）智能控制。单片机能够接收用户的指令，并通过程序控制家电设备的运行。例如，智能洗衣机能够根据衣物的材质和污渍程度自动选择洗涤程序和洗涤时间，智能空调能够根据室内温度自动调节运行模式和风速。

（2）节能环保。单片机通过优化控制算法，能够实现家电设备的节能运行。例如，冰箱通过单片机控制压缩机的运行和停止，以达到最佳的保鲜效果和最低的能耗；空调通过单片机控制室内温度，避免过度制冷或制热，减少能耗。

（3）安全性保障。单片机在家电设备中还可以实现安全保护功能。例如，在电热水器中，单片机能够检测水温并控制加热器的工作状态，避免水温过高导致烫伤；在燃气热水器中，单片机能够检测燃气泄漏并自动关闭燃气阀门，防止火灾事故。

（4）智能化升级。随着物联网和人工智能技术的发展，单片机在家电领域的应用也在不断升级。通过单片机与智能手机、智能音箱等设备的连接，可以实现家电设备的远程控制、语音控制等功能，提升用户的使用体验。

（二）智能穿戴设备的应用

智能穿戴设备作为近年来兴起的科技产品，其内部也离不开单片机的支持。

（1）数据采集与处理。智能穿戴设备如智能手表、智能手环等能够实时监测用户的健康状况和运动数据，这些数据都需要通过单片机进行采集和处理。单片机可以接收传感器的数据，并通过程序进行数据处理和分析，为用户提供准确的健康和运动信息。

（2）交互与控制。智能穿戴设备通常具有触摸屏或按键等输入设备，用户可以通过这些设备进行操作和控制。单片机能够接收用户的输入指令，并控制设备的运行和显示。例如，用户可以通过智能手表查看天气、设置闹钟、接听电话等。

（3）无线通信。智能穿戴设备通常需要通过无线通信技术与手机或其他设备进行连接和数据传输。单片机在智能穿戴设备中通常集成了蓝牙、Wi-Fi等无线通信模块，实现与其他设备的无缝连接和数据共享。

（4）智能化升级。随着人工智能技术的发展，智能穿戴设备也在不断升级。单片机作为智能穿戴设备的核心控制器，可以实现更加智能化的功能。例如，通过单片机与机器学习算法的结合，智能穿戴设备可以自动识别用户的运动模式、心率变化等信息，并为用户提供个性化的健康建议。

（三）汽车电子领域的应用

在汽车电子领域，单片机同样发挥着重要作用。

（1）车身控制系统。单片机在车身控制系统中扮演着关键角色，可以控制车窗、门锁、车灯等设备的运行。通过单片机可以实现车窗的自动升降、车门的自动锁闭、车灯的自动开启等功能，提升用户的驾驶体验。

（2）发动机管理系统。单片机在发动机管理系统中可以实现燃油喷射控制、点火控制、排放控制等功能。通过单片机可以精确控制燃油的喷射量和喷射时间，优化发动机的燃烧过程，提高燃油效率和动力性能。

（3）安全与辅助驾驶系统。单片机在安全与辅助驾驶系统中可以实现防抱死制动系统（ABS）、电子稳定程序（ESP）、自适应巡航控制（ACC）等功能。这些功能可以提高车辆的安全性和舒适性，减少交通事故的发生。

（4）车载娱乐与信息系统。单片机在车载娱乐与信息系统中可以控制音箱、导航、车载电话等设备的运行。通过单片机可以实现音频的播放、导航的指引、电话的接听等功能，为驾驶者提供便捷的信息娱乐服务。

随着物联网、人工智能等技术的不断发展，单片机在日常生活中的应用也将越来越广泛。未来单片机将朝着更加智能化、低功耗、高可靠性等方向发展，为人们的生活带来更多便利和舒适。同时，随着新型单片机的不断推出和技术的不断进步，单片机在日常生活中的应用也将不断升级和创新。

四、单片机在工业领域的应用

（一）生产线自动化控制

单片机在工业领域的应用首先体现在生产线自动化控制上。通过单片机控制系统，可以实现对生产线上各个环节的精确控制，从而大大提高生产效率和质量，并减少人为操作中的误差。以汽车制造工厂为例，单片机控制系统可以准确控制机器人、运输设备和装配线等，实现零件的精准拼装和高效生产。这不仅能提升汽车的制造速度和质量，还能降低生产成本，增强企业的市场竞争力。

单片机在生产线自动化控制中的应用优势在于其强大的数据处理能力和灵活的软件编程能力。单片机可以实时监测生产线上的各种参数，如温度、压力、速度等，并根据预设的控制逻辑，精确控制各个执行机构的动作。此外，单片机还可以与各种传感器和执行器进行接口连接，实现实时监测和控制，确保生产线的稳定运行。

（二）温度控制

在许多工业过程中，温度控制是至关重要的。单片机控制技术可应用于各种温度控制系统，如冷库、烘炉、恒温房等。通过采集温度传感器的数据，单片机可以实时监测和控制温度，确保设备和物品的正常运行。

在温度控制系统中，单片机可以根据预设的温度范围和控制逻辑，自动调节加热或制冷设备的工作状态，以保持环境温度在合适的范围内。这种自动调节能力不仅提高了温度控制的精度和稳定性，还降低了能耗和运营成本。

（三）电机控制

电机是工业控制中常用的执行元件之一。单片机可以通过检测电机的运行状态和负载情况，根据预设的逻辑进行控制。例如，在输送带上安装红外传感器，当传感器检测到物体时，单片机控制电机启动，实现物体的自动输送。

单片机在电机控制中的应用，不仅提高了电机的运行效率和稳定性，还降低了维护成本和故障率。此外，单片机还可以实现电机的软启动和软停止，减少了对电网的冲击和电机的磨损。

（四）未来发展趋势

随着技术的不断发展，单片机在工业领域的应用将更加广泛和深入。以下是单片机在工业领域的未来发展趋势：

（1）高性能化。随着工业控制对实时性和精确性的要求不断提高，单片机将朝着更高性能的方向发展。未来的单片机将具有更强大的数据处理能力和更快的运行速度，以满足复杂工业控制的需求。

（2）低功耗化。随着环保意识的不断提高，低功耗已经成为单片机发展的重要趋势。未来的单片机将采用更加先进的低功耗技术，降低能耗和运营成本。

（3）智能化。随着人工智能技术的不断发展，单片机将更多地与人工智能技术结合，实现智能化控制、自学习、感知推理等功能。未来的单片机将在工业自动化、智能制造等领域发挥更大的作用。

（4）网络化。随着物联网技术的不断发展，单片机将更多地应用于智能家居、智能城市、智能工厂等场景。未来的单片机将具有更强大的网络通信能力，实现设备之间的互联互通和数据共享。

第三节 物联网与单片机的关系

一、物联网系统中的单片机角色

（一）数据采集与处理的核心

在物联网系统中，单片机扮演着数据采集与处理的核心角色。物联网的核心任务之一是实时、准确地获取各种环境参数和设备状态信息，这些信息对于实现智能控制和决策至关重要。单片机通过与各类传感器的连接，能够实时采集各种模拟或数字信号，如温度、湿度、光照、压力等。采集到的数据经过单片机的处理，可以转换为有意义的信息，并用于控制策略的制定。此外，单片机还可以通过数据压缩、加密等处理技术，提高数据传输的效率和安全性。

具体而言，单片机通过其内置的模数转换器（ADC）将传感器输出的模拟信号转换为数字信号，然后通过内部处理器进行数据处理和分析。例如，在智慧农业中，单片机可以采集土壤湿度、温度等数据，根据这些数据调整灌溉和施肥策略，实现精准农业管理。

（二）设备互联互通的关键

物联网系统是由大量设备、传感器和终端组成的网络，实现设备之间的互联互通是物联网系统的重要功能之一。单片机作为物联网设备的核心控制器，具备强大的通信能力，能够实现设备之间的数据交换和互联互通。

单片机支持的通信协议丰富多样，包括串口通信、I2C、SPI、CAN总线等短距离通信协议，以及 Wi-Fi、蓝牙、ZigBee 等无线通信协议。这些通信协议使得单片机能够与不同类型的设备和传感器进行通信，实现数据的实时传输和共享。

例如，在智能家居系统中，单片机可以通过 Wi-Fi 或蓝牙模块与手机、平板等智能设备连接，实现远程控制、语音控制等功能。同时，单片机还可以通过以太网接口与互联网连接，将物联网设备的数据传输到云端或服务器进行存储和分析。

（三）智能控制的核心单元

单片机在物联网系统中还扮演着智能控制的核心单元角色。通过内置的处理器和存储器，单片机能够执行各种控制算法和逻辑操作，实现对物联设备的精确控制。

单片机的高可编程性和低成本使其成为控制应用领域的首选。通过编写不同的控制程序，单片机可以适应不同的应用场景和控制需求。例如，在工业自动化领域，单片机可以控制机器人的运动轨迹、生产线上的设备运行状态等；在智能交通领域，单片机可以实现车辆导航、交通信号灯控制等功能。

此外，单片机还可以与各种执行器连接，实现对环境的实时调控。例如，在智能温室中，单片机可以根据采集到的温度、湿度等数据，自动调节温室内的加热、通风、灌溉等设备，为植物提供最佳的生长环境。

（四）安全与可靠性的保障

随着物联网系统的不断发展壮大，系统安全与可靠性问题日益凸显。单片机作为物联网设备的重要组成部分，其安全与可靠性对于整个物联网系统的稳定运行至关重要。

为了保障物联网系统的安全与可靠性，单片机通常采用多种技术手段进行安全防护。例如，采用加密技术保护数据传输的安全性；采用防火墙技术防止恶意攻击和非法入侵；采用冗余设计和容错技术提高系统的可靠性等。

此外，单片机还可以通过软件升级和固件更新等方式，不断提升其安全性和可靠性。这些技术手段使得单片机在物联网系统中成为安全与可靠性的重要保障。

二、单片机在物联网中的通信方式

（一）有线通信方式

在物联网中，单片机可以通过有线通信方式与其他设备进行数据交换。有线通信方式通常具有传输稳定、可靠性高、抗干扰能力强等优点，适合在需要稳定数据传输的场合使用。

（1）RS-232/RS-485 接口通信。RS-232 和 RS-485 是两种常用的串行通信接口标准，广泛应用于单片机与计算机、单片机与单片机之间的通信。RS-232 适用于短距离、低速率的通信；RS-485 则可以实现长距离、高速率的通信，支持多点连接，广泛应用于工业自动化、智能仪表等领域。

（2）CAN 总线通信。CAN 总线是一种用于汽车和工业控制领域的通信协议，具有高速、可靠、抗干扰能力强等特点。单片机可以通过 CAN 总线与其他设备进行通信，实现数据的实时传输和共享。CAN 总线通信在智能交通、工业自动化等领域具有广泛应用。

（3）以太网通信。以太网是一种标准的局域网协议，通过网线连接设备，实现高速稳定的通信。单片机可以通过以太网接口与局域网或互联网进行通信，实现远程监控和控制。以太网通信具有传输速度快、距离远、稳定性高等优点，在智能家居、工业自动化等领域得到广泛应用。

（二）无线通信方式

随着物联网技术的不断发展，无线通信方式在单片机通信中占据越来越重要的地位。无线通信方式具有灵活性高、安装维护方便等优点，适合在需要灵活部署的场合使用。

（1）Wi-Fi 通信。Wi-Fi 是一种广泛应用的无线通信技术，具有传输速度快、距离远等特点。单片机可以通过 Wi-Fi 模块连接到无线网络，实现与其他设备的通信。Wi-Fi 通信在智能家居、智慧城市等领域具有广泛应用。

（2）蓝牙通信。蓝牙是一种短距离无线通信技术，具有低功耗、低成本、易于实现等优点。单片机可以通过蓝牙模块与其他设备进行通信，实现数据传输和控制。蓝牙通信在智能穿戴设备、健康监测等领域得到广泛应用。

（3）Zigbee 通信。Zigbee 是一种低功耗、低速率、近距离的无线通信技术，特别适用于物联网设备之间的通信。单片机可以通过 Zigbee 模块与其他设备进行通信，实现数据的实时传输和共享。Zigbee 通信在智能家居、工业自动化等领域具有广泛应用。

（三）通信协议与标准

在单片机通信中，通信协议与标准是保证通信稳定和可靠的关键因素。常用的单片机通信协议包括 UART（通用异步收发器）、SPI（串行外设接口）、I2C（双线制串行接口）等。这些协议具有不同的特点和适用场景，开发者可以根据实际需求选择合适的通信协议进行开发。

（四）通信安全与可靠性

随着物联网系统的不断发展壮大，通信安全与可靠性问题日益凸显。单片机在物联网中的通信安全与可靠性对于整个系统的稳定运行至关重要。为了保障通信安全与可靠性，单片机通常采用多种技术手段进行安全防护，如加密技术、防火墙技术、冗余设计和容错技术等。此外，单片机还可以通过软件升级和固件更新等方式不断提升其通信安全与可靠性。

三、物联网对单片机技术的要求

（一）高性能与低功耗

物联网系统对单片机技术的首要要求是高性能与低功耗。随着物联网应用场景的复杂化和多样化，单片机需要处理的数据量不断增加，对处理速度、存储容量和实时响应能力的要求也相应提高。高性能的单片机能够更快速地完成数据处理任务，满足物联网系统对实时性和准确性的需求。

同时，物联网设备通常需要长时间运行，因此低功耗成为单片机技术的重要考量因素。低功耗的单片机不仅能够延长设备的使用寿命，还能降低能耗和运行成本，对于实现物联网系统的可持续发展具有重要意义。

为了实现高性能与低功耗的平衡，单片机技术需要不断创新和优化，如采用先进的处理器架构、优化算法和功耗管理技术，以及利用低功耗的通信协议和接口等。这些技术的应用不仅能够提高单片机的性能，还能有效降低功耗，满足物联网系统对单片机技术的要求。

（二）丰富的接口与通信能力

物联网系统通常由多个设备和传感器组成，这些设备和传感器之间需要进行数据交换和通信。因此，单片机需要具备丰富的接口和通信能力，以支持多种通信协议和接口标准。

单片机需要具备多种有线和无线通信接口，如 UART、SPI、I2C、CAN 总线、Wi-Fi、蓝牙、Zigbee 等。这些接口能够满足不同设备和传感器之间的通信需求，实现数据的实时传输和共享。同时，单片机还需要支持多种通信协议，如 MQTT、CoAP、HTTP 等，以适应不同的物联网应用场景和传输需求。

丰富的接口和通信能力不仅能够提高物联网系统的灵活性和可扩展性，还能降低系统设计和开发的复杂度。因此，单片机技术需要不断发展和完善其接口和通信能力，以满足物联网系统对单片机技术的要求。

（三）强大的安全性能

物联网系统涉及大量的数据传输和交换，因此安全性能是单片机技术的重要考量因素。单片机需要具备强大的安全性能，以保障物联网系统的数据安全和稳定运行。

单片机需要具备数据加密、身份验证、访问控制等安全功能，以防止数据被窃取、篡改或非法访问。同时，单片机还需要支持安全启动、固件更新等安全机制，以提高系统的整体安全性。

为了实现强大的安全性能，单片机技术需要采用先进的加密算法和安全协议，以及完善的安全管理机制。这些技术的应用能够有效地保障物联网系统的数据安全和稳定运行，满足物联网系统对单片机技术的要求。

（四）灵活的可扩展性与兼容性

物联网系统是一个复杂的系统，其应用场景和设备类型多种多样。因此，单片机需要具备灵活的可扩展性和兼容性，以适应不同的应用场景和设备类型。

单片机需要支持多种编程语言和开发工具，以方便开发者进行系统设计和开发。同时，单片机还需要支持多种操作系统和中间件软件，以实现与不同设备和传感器的互联互通。此外，单片机还需要具备灵活的硬件配置和扩展能力，以满足不同应用场景对硬件配置和扩展性的需求。

灵活的可扩展性和兼容性能够降低物联网系统的设计和开发难度，提高系统的可维护性和可扩展性。因此，单片机技术需要不断发展和完善其可扩展性和兼容性，以满足物联网系统对单片机技术的要求。

四、物联网与单片机的相互影响

（一）物联网推动单片机技术的创新与发展

物联网技术的快速发展对单片机技术提出了更高的要求，同时也为单片机技术的创新与发展提供了广阔的空间。随着物联网应用场景的不断拓展，单片机需要满足更复杂、更多样化的需求，这促使单片机技术在性能、功耗、安全性、通信能力等方面不断取得突破。

（1）物联网系统对单片机的性能要求日益提高，推动了单片机处理器架构的优化和升级。新型的单片机处理器采用了更先进的工艺和架构，实现了更高的处理速度和更低的功耗，满足了物联网系统对实时性和准确性的要求。

（2）物联网系统对单片机的通信能力提出了更高要求，推动了单片机通信技术的创新。单片机现在支持更多种类的有线和无线通信接口，如 Wi-Fi、蓝牙、Zigbee 等，实现了与其他设备和传感器的无缝连接。同时，单片机还支持多种通信协议，如 MQTT、CoAP 等，提高了数据传输的效率和安全性。

此外，物联网系统对单片机安全性的要求也日益提高，推动了单片机安全技术的创新。单片机现在具备数据加密、身份验证、访问控制等安全功能，能够有效防止数据被窃取、篡改或非法访问。同时，单片机还支持安全启动、固件更新等安全机制，提高了系统的整体安全性。

（二）单片机技术为物联网提供核心支持

单片机作为物联网设备的核心控制器，为物联网系统提供了核心支持。单片机的数据采集、处理、传输和控制能力，使得物联网设备能够实现智能化和自动化。

（1）单片机通过内置的模数转换器（ADC）和数模转换器（DAC），能够实时采集各种模拟信号并将其转换为数字信号，为物联网系统提供准确的数据支持。同时，单片机还能够通过内置的处理器对采集到的数据进行处理和分析，提取出有用的信息，为物联网系统的决策提供数据支持。

（2）单片机通过通信接口和协议，能够与其他设备和传感器进行通信，实现数据的实时传输和共享。这为物联网系统的互联互通提供了基础支持，使得物联网设备能够协同工作、实现智能化控制。

此外，单片机还能够通过控制算法和逻辑操作，实现对物联设备的精确控制。单片机的高可编程性和低成本使其成为控制应用领域的首选，为物联网系统的智能化和自动化提供了强有力的支持。

（三）物联网与单片机的相互促进

物联网与单片机之间存在相互促进的关系。物联网的发展为单片机技术提供了广阔的应用场景和市场需求，推动了单片机技术的创新与发展。同时，单片机技术的进步也为物联网系统提供了更加稳定、可靠、高效的支持，推动了物联网系统的普及和应用。

这种相互促进的关系使得物联网与单片机技术在不断发展中相互融合、相互促进。随着物联网技术的不断发展和普及，单片机技术将在物联网领域发挥更加重要的作用，为物联网系统的智能化、自动化、网络化提供更加强有力的支持。

（四）未来趋势与挑战

随着物联网技术的不断发展和普及，单片机技术也面临一些新的挑战和机遇。一方面，物联网系统对单片机技术的性能、功耗、安全性等方面提出了更高的要求，需要单片机技术不断创新和突破；另一方面，随着物联网应用场景的不断拓展和复杂化，单片机技术也需要不断适应新的应用场景和需求，提供更加灵活、可扩展的解决方案。

为了应对这些挑战和机遇，单片机技术需要不断加强研发和创新力度，推动技术的不断进步和发展。同时，还需要加强与其他技术的融合和协作，共同推动物联网技术的发展和应用。未来，随着物联网技术的不断发展和普及，单片机技术将在物联网领域发挥更加重要的作用，为人们的生产和生活带来更加智能化、便捷化的体验。

第四节　物联网技术中的单片机角色

一、单片机在物联网感知层的作用

在物联网的架构中，感知层是负责数据采集和初步处理的关键层级。单片机作为感知层的核心设备之一，发挥着至关重要的作用。

（一）数据采集与处理的核心

单片机在物联网感知层中扮演着数据采集与处理的核心角色。它通过内置的模数转换器（ADC）和数模转换器（DAC）等接口，实时接收来自各类传感器的数据。这些传感器可以监测环境参数（如温度、湿度、光照等），物体状态（如位置、速度、加速度等）或其他物理量。单片机将采集到的模拟信号转换为数字信号，并进行必要的处理和分析。

在数据处理方面，单片机利用其强大的计算能力，可以对采集到的数据进行滤波、校准、转换等操作，以提高数据的准确性和可靠性。此外，单片机还可以通过内置的逻辑判断功能，根据预设的规则对数据进行判断和处理，实现智能决策和自动化控制。

（二）通信与互联的桥梁

单片机在物联网感知层中不仅是数据采集与处理的中心，还是实现通信与互联的桥梁。它通过各种通信接口和协议（如 UART、SPI、I2C、Wi-Fi、蓝牙等），与其他设备和传感器进行通信和数据交换。这使得单片机能够将采集到的数据实时传输到网络层和应用层，实现数据的远程监控和管理。

同时，单片机还可以根据网络层和应用层的指令，对感知层的设备和传感器进行远程控制和管理。这种双向通信的能力使得物联网系统能够实现真正的智能化和自动化。

（三）低功耗与高效能的代表

在物联网系统中，低功耗是设备设计的重要考虑因素之一。单片机以其低功耗的特点，在物联网感知层中发挥着重要作用。通过采用先进的处理器架构、优化算法和功耗管理技术，单片机能够在保证性能的同时，实现低功耗运行。这不仅可以延长设备的使用寿命，还可以降低系统的运行成本和维护成本。

此外，单片机还具有高效能的特点。它能够在短时间内完成大量数据的采集和处理任务，满足物联网系统对实时性和准确性的要求。这种高效能的特点使得单片机在物联网感知层中能够发挥更大的作用。

（四）安全与可靠的保障

在物联网系统中，安全性和可靠性是至关重要的。单片机通过内置的安全功能和机制，为物联网感知层提供安全和可靠的保障。它支持数据加密、身份验证、访问控制等安全功能，可以有效防止数据被窃取、篡改或非法访问。同时，单片机还具有抗干扰能力强、稳定性高等特点，可以在恶劣的环境下稳定运行。

此外，单片机还支持固件更新和远程升级等功能，使得物联网系统能够随时应对新的安全威胁和挑战。这种灵活性和可扩展性使得单片机在物联网感知层中成为安全和可靠的保障。

二、单片机在物联网网络层的应用

在物联网系统中，网络层负责数据的传输和通信，单片机在这一层级的应用至关重要。

（一）数据传输与通信的关键节点

单片机作为物联网网络层的关键节点，承担着数据传输与通信的重要任务。通过集成多种通信接口和协议，如以太网、Wi-Fi、蓝牙等，单片机能够将感知层采集的数据实时、准确地传输到应用层，同时接收来自应用层的指令并传递给感知层执行。这种双向通信的能力使得物联网系统能够实现高效的数据传输和交互。

具体来说，单片机可以通过以太网接口将数据传输到局域网或互联网，实现远程监控和管理。同时，单片机还可以通过 Wi-Fi 或蓝牙等无线通信技术，实现与其他设备或移动设备的无线连接和数据传输。灵活多样的通信方式使得物联网系统能够适应不同的应用场景和需求。

（二）网络协议的支持与实现

在物联网网络层中，单片机需要支持并实现多种网络协议，以确保数据的可靠传输和通信。这些网络协议包括 TCP/IP、MQTT、CoAP 等，它们分别适用于不同的应用场景和传输需求。

单片机通过内置的网络协议栈或外接的网络协议模块，可以实现对这些网络协议的支持和实现。例如，单片机可以通过 MQTT 协议实现与云服务器的通信，实现数据的远程传输和监控。同时，单片机还可以通过 CoAP 协议实现与低功耗设备的通信，满足物联网系统对低功耗设备的数据传输需求。

（三）数据处理与存储的支持

在网络层中，单片机还需要对传输的数据进行一定的处理和存储。通过内置的处理器和存储器，单片机可以对接收到的数据进行解析、转换、压缩等处理操作，以满足应用层对数据的特定需求。同时，单片机还可以将处理后的数据存储在本地存储器中，以便在需要时进行查询和分析。

这种数据处理和存储的能力使得单片机在网络层中能够发挥更大的作用。它不仅可以提高数据传输的效率和准确性，还可以为应用层提供更加丰富和准确的数据支持。

（四）安全与隐私保护的保障

在物联网系统中，安全与隐私保护是至关重要的。单片机在网络层中也扮演着保障安全与隐私的重要角色。通过内置的安全功能和机制，单片机可以实现对数据的加密、身份验证、访问控制等安全操作，以确保数据的安全性和完整性。

具体来说，单片机可以通过加密算法对数据进行加密处理，以防止数据在传输过程中被窃取或篡改。同时，单片机还可以支持身份验证和访问控制机制，只允许经过授权的用户或设备访问数据。此外，单片机还可以通过固件更新和远程升级等功能，及时修复潜在的安全漏洞和威胁，确保系统的安全性和稳定性。

随着物联网技术的不断发展和普及，单片机在物联网网络层的作用将越来越重要。

三、单片机在物联网应用层的贡献

在物联网系统中，应用层是实现具体业务逻辑和人机交互的关键层级。单片机在物联网应用层发挥着至关重要的作用，为物联网系统的智能化、自动化和便捷化提供了强有力的支持。

（一）智能化控制与决策支持

单片机在物联网应用层中承担着智能化控制与决策支持的重要角色。通过接收来自感知层的数据，单片机可以运用其强大的数据处理能力，对数据进行实时分析、处理和判断，从而实现对设备的智能化控制。例如，在智能家居系统中，单片机可以根据室内外的温度、湿度、光照等数据，自动调节空调、灯光等设备的运行状态，提高家居生活的舒适性和能源利用效率。

此外，单片机还可以结合人工智能和机器学习算法，对大量数据进行深度分析和挖掘，为物联网系统提供智能化的决策支持。例如，在智能交通系统中，单片机可以通过分析交通流量、车速等数据，预测交通拥堵情况，并自动调整交通信号灯的控制策略，以缓解交通拥堵问题。

（二）设备连接与协同工作

单片机在物联网应用层中还具有设备连接与协同工作的能力。通过集成多种通信接口和协议，单片机可以实现不同设备之间的无缝连接和数据共享。这使得物联网系统中的各个设备能够协同工作、相互配合，实现更加高效、智能的业务逻辑。例如，在工业自动化系统中，单片机可以通过无线通信技术与生产线上的各个设备进行连接，实现设备之间的数据交换和协同控制，提高生产效率和产品质量。

（三）用户界面与交互体验

单片机在物联网应用层中还对用户界面和交互体验有着重要影响。通过结合显示屏、触摸屏等输入/输出设备，单片机可以为用户提供直观、友好的用户界面，使用户能够方便地控制和管理物联网系统。同时，单片机还支持多种交互方式，如语音控制、手势识别等，进一步提升了用户的交互体验。例如，在智能家居系统中，用户可以通过手机应用或语音指令来控制家电设备的运行状态，实现智能家居的便捷化管理。

（四）安全与隐私保护

在物联网应用层中，安全与隐私保护是至关重要的。单片机通过内置的安全功能和机制，为物联网系统提供了强大的安全保障。首先，单片机支持数据加密和身份验证等安全功能，确保数据在传输和存储过程中的安全性和完整性。其次，单片机还具备访问控制和权限管理功能，只允许经过授权的用户或设备访问数据。此外，单片机还支持固件更新和远程升级等功能，能够及时修复潜在的安全漏洞和威胁，确保系统的安全性和稳定性。

随着物联网技术的不断发展和普及，单片机在物联网应用层的作用将越来越重要，将为人们的生活带来更多便利和创新。

四、单片机在物联网安全中的保障作用

在物联网系统中，安全是至关重要的一环。单片机作为物联网设备中的核心控制芯片，在物联网安全中发挥着关键的保障作用。

（一）数据加密与认证

单片机在物联网安全中的首要任务是提供数据加密与认证机制，确保数据的机密性和完整性。单片机可以通过内置的加密引擎或外接加密模块，实现数据的加密传输和存储。常见的加密算法如 AES、RSA 等，能够有效地防止数据在传输过程中被窃取或篡改。同时，单片机还支持数字证书、密钥管理等认证机制，确保只有经过认证的设备或用户才能访问物联网系统。

此外，单片机还可以实现设备的身份认证和权限管理。通过在单片机上存储设备的唯一标识符和密钥，并通过加密和数字签名等技术手段验证设备的身份，可以确保只有经过认证的设备才能接入物联网系统。同时，单片机还可以根据用户的权限设置，限制设备对系统的访问权限，防止非法访问和恶意操作。

（二）固件验证与升级

固件是物联网设备中植入的软件或代码，用于控制设备的功能和运行。单片机在物联网安全中还具有固件验证与升级的功能。通过固件验证机制，单片机可以确保设备运行的是合法、完整的固件，防止非法固件的使用和恶意篡改。当发现固件存在漏洞或需要改进时，单片机还可以支持固件的安全升级，为设备提供更好的安全性能。

在固件升级过程中，单片机可以通过安全的通信协议和加密机制，确保升级数据的完整性和安全性。同时，单片机还可以实现远程升级功能，无须人工干预即可完成固件的升级操作，提高了设备的可维护性和安全性。

（三）安全监控与报警

单片机在物联网安全中还可以作为安全监控与报警系统。通过实时监测设备的状态和网络流量，单片机可以及时发现异常情况并触发报警机制。例如，当设备遭受攻击、数据泄露或系统异常时，单片机可以立即发出报警信号，提醒管理员采取相应的安全措施。

此外，单片机还可以与其他安全设备如防火墙、入侵检测系统等协同工作，共同构建一个全面的物联网安全解决方案。通过实时监控和预警机制，单片机能够及时发现并应对各种安全威胁和挑战，为物联网系统的稳定运行提供有力保障。

（四）低功耗与安全性的平衡

在物联网设备中，低功耗是一个重要考虑因素。然而，低功耗并不意味着可以牺牲安全性。单片机在物联网安全中需要实现低功耗与安全性的平衡。通过采用先进的处理器架构、优化算法和功耗管理技术，单片机可以在保证性能和安全性的同时降低功耗。例如，采用低功耗设计的单片机可以在待机状态下进入休眠模式，减少不必要的能耗；同时，在需要执行安全任务时快速唤醒并启动加密引擎或认证机制。

这种低功耗与安全性的平衡使得单片机在物联网安全中具有广泛的应用前景。无论是在智能家居、智能交通还是工业自动化等领域中，单片机都能够为物联网系统提供可靠的安全保障。

第五节　物联网单片机教学的重要性

一、培养物联网技术人才的需求

随着物联网技术的迅猛发展，对物联网技术人才的需求也日益增长。单片机作为物联网系统中的重要组成部分，其教学在培养物联网技术人才方面具有不可或缺的重要性。

（一）技术基础的夯实

单片机教学是物联网技术人才培养的基础。通过学习单片机的基本原理、编程方法和应用开发，学生可以深入了解物联网技术的核心组成部分和运行机制。这种基础知识的掌握不仅为学生后续深入学习物联网其他相关技术提供了有力支撑，也为学生将来从事物联网技术研发和应用工作奠定了坚实基础。

同时，单片机教学还可以培养学生的实践能力和创新能力。通过动手实践，学生可以更好地理解和掌握单片机技术，提高解决问题的能力。在解决问题的过程中，学生还可以不断尝试新的方法和思路，培养创新精神和创新能力。

（二）跨学科知识融合

物联网技术是一个跨学科领域，涉及计算机科学、电子工程、通信工程等多个学科的知识。单片机教学作为物联网技术的重要组成部分，也需要与其他学科知识进行融合。通过单片机教学，学生可以接触到不同学科的知识和技术，了解它们之间的联系和相互作用。这种跨学科的知识融合可以帮助学生更好地理解和应用物联网技术，提高综合素质和竞争力。

（三）市场需求的满足

随着物联网技术的广泛应用，市场对物联网技术人才的需求也越来越大。单片机作为物联网系统中的重要组成部分，其技术人才的市场需求也日益增长。通过单片机教学，可以培养大量具备单片机技术知识和实践能力的专业人才，满足市场对物联网技术人才的需求。这些专业人才可以在物联网技术研发、应用、维护等领域发挥重要作用，推动物联网技术的发展和应用。

（四）创新创业能力的激发

单片机教学不仅可以培养学生的技术能力和实践能力，还可以激发学生的创新、创业能力。在单片机教学过程中，学生可以接触到各种创新性的项目和实践案例，了解物联网技术的创新应用和发展趋势。这些创新性的项目和实践案例可以激发学生的创新思维和创业热情，促进学生将所学技术应用于实际创业。

同时，单片机教学还可以为学生提供创新创业的平台和资源。学校可以与企业合作开展创新创业项目，为学生提供实践机会和资金支持。通过参与这些项目，学生可以积累创新创业经验，提高创新创业能力，为将来的创业之路打下坚实基础。

二、单片机教学对学生实践能力的提升

单片机教学在培养学生的实践能力方面发挥着至关重要的作用。通过实践操作和项目实践，学生能够将理论知识与实际应用相结合，提升解决问题的能力，培养创新思维和团队协作精神。

（一）理论知识与实践操作的结合

单片机教学注重理论知识与实践操作的结合。在理论教学中，学生将学习单片机的基本原理、编程方法和应用技术等知识。然而，仅仅掌握理论知识是不够的，需要通过实践操作来巩固和应用所学知识。单片机教学通常会提供实验设备和实验环境，让学生在实践中掌握单片机的编程、调试和应用技能。这种理论与实践相结合的教学方式，使学生能够更好地理解单片机的原理和应用，提高实践操作能力。

例如，在单片机编程实验中，学生需要编写程序控制单片机的输入/输出端口，实现 LED 灯的闪烁、蜂鸣器的发声等功能。通过实验操作，学生可以亲身体验程序运行的过程，了解单片机的工作机制和编程方法。这种实践操作不仅加深了学生对理论知识的理解，还提高了他们的编程能力和实践能力。

（二）项目实践中的问题解决能力

单片机教学通常包括项目实践环节，让学生参与实际项目的开发和实现。在项目实践中，学生需要面对各种问题和挑战，如硬件设计、软件编程、系统调试等。通过解决这些问题，学生可以锻炼自己的问题解决能力，提高应对复杂情况的能力。

在单片机项目实践中，学生需要根据项目需求进行硬件设计和软件编程。他们可能会遇到电路连接错误、程序运行异常等问题。通过不断尝试和调试，学生可以逐步找到问题的根源并解决它们。这种问题解决的过程不仅锻炼了学生的思维能力和动手能力，还培养了他们的耐心和毅力。

（三）创新思维的培养

单片机教学注重培养学生的创新思维。在单片机项目实践中，学生需要运用所学知识进行创新设计和实现，他们可以尝试不同的设计方案和算法，优化系统性能和功能。这种创新实践可以激发学生的创新思维和创造力，培养他们的创新能力和创业精神。

在单片机项目实践中，学生可以发挥自己的想象力和创造力，设计具有独特功能的物联网系统。例如，他们可以利用单片机和传感器设计一款智能环境监测系统，实时监测室内的温度、湿度、光照等参数，并通过手机 App 进行远程控制和数据查看。这种创新实践不仅可以提高学生的实践能力，还可以培养他们的创新思维和创业精神。

（四）团队协作精神的塑造

单片机项目实践通常需要多人合作完成。在团队合作中，学生需要相互协作、分工合作、共同完成任务。通过团队协作，学生可以学会如何与他人沟通、协调和合作，培养团队协作精神。

在单片机项目实践中，学生需要分工合作完成硬件设计、软件编程、系统测试等工作。他们需要进行充分的沟通和交流，确保各个部分之间协调一致。在合作过程中，学生需要相互支持和帮助，共同解决问题和完成任务。这种团队协作的经历可以培养学生的沟通能力和协作能力，为将来的工作和生活打下坚实的基础。

四、单片机教学对未来技术发展的意义

单片机教学不仅对学生个人的技能提升和综合素质发展具有重要影响，更对未来技术的发展方向和应用领域产生深远意义。

（一）培育未来技术创新人才

单片机教学通过系统的理论知识和实践操作，为学生提供了深入了解物联网技术的机会。这种深入的学习过程不仅使学生掌握了单片机的基本原理和应用技能，更培养了他们独立思考和解决问题的能力。在未来的技术发展中，这些具备扎实单片机知识和实践经验的学生将成为技术创新的重要力量。他们能够迅速适应新技术的发展，提出创新性的解决方案，推动科技进步和社会发展。

此外，单片机教学还注重培养学生的创新思维和创业精神。通过项目实践、团队合作等方式，学生学会了如何将理论知识应用于实际问题，如何与团队成员协作解决问题。这种创新思维和创业精神的培养将使学生在未来的技术发展中具备更强的竞争力和创造力。

（二）推动物联网技术的普及和应用

单片机是物联网技术的核心组件之一，其应用广泛涉及智能家居、智能交通、工业自动化等领域。单片机教学的普及将推动物联网技术的普及和应用，使更多人了解并接受物联网技术带来的便利和效益。随着物联网技术的普及和应用，人们将能够享受到更加智能化、便捷化的生活方式和工作方式，提高生活质量和生产效率。

同时，单片机教学的普及还将促进物联网技术的发展和创新。更多的学生将参与到物联网技术的研发和应用中，提出新的应用需求和技术解决方案，推动物联网技术的不断进步和完善。这种技术创新和应用创新将为未来的技术发展提供源源不断的动力。

（三）促进跨学科融合与交叉创新

单片机教学不仅涉及电子工程、计算机科学等学科知识，还与其他学科如机械、材料、生物等有着密切的联系。单片机教学的普及将促进不同学科之间的融合和交叉创新，推动跨学科研究的发展。这种跨学科融合和交叉创新将为未来的技术发展提供新的思路和方法，推动科技领域的突破和创新。

例如，在智能家居领域，单片机可以与机械、材料科学相结合，实现更加智能、环保的家居产品设计。在医疗领域，单片机可以与生物技术相结合，开发更加精准、高效的医疗设备和治疗方法。这种跨学科融合和交叉创新将为人类生活带来更多福祉和便利。

（四）培养具备社会责任感的科技人才

单片机教学不仅注重技术知识的传授和实践能力的培养，更强调科技人才的社会责任感。在单片机教学过程中，学生将学习到如何在技术应用中关注社会问题和人类福祉，如何将科技发展与人类社会的可持续发展相结合。这种社会责任感的培养将使学生在未来的技术发展中更加注重人类社会的长远利益，成为具有高尚品德和高度责任感的科技人才。

同时，单片机教学还将引导学生关注技术伦理和道德问题。在技术应用过程中，学生将学会如何权衡技术的利弊得失，如何避免技术滥用和误用带来的负面影响。这种技术伦理和道德意识的培养将使学生在未来的技术发展中更加谨慎和负责任地运用科技力量。

第二章　单片机教学现状与问题分析

第一节　当前单片机教学的模式

一、传统理论教学模式

在当前的单片机教学中，传统理论教学模式仍然占据重要地位。这一模式侧重于向学生传授单片机的基本理论知识，包括其原理、结构、编程方法等。

（一）知识体系构建

传统理论教学模式注重构建完整的知识体系，按照由浅入深、循序渐进的原则安排教学内容。通常从单片机的基本概念、发展历程讲起，逐步深入到单片机的内部结构、工作原理、指令系统、编程方法等方面。这种教学模式有助于学生对单片机有一个全面而系统的认识，为后续的实践操作和应用打下坚实的基础。

然而，这种知识体系构建也存在一定的问题：一方面，由于知识点较多且相互关联，学生在学习过程中容易感到枯燥乏味，难以保持持续的学习兴趣；另一方面，由于理论知识与实践操作脱节，学生往往难以将所学知识应用于实际问题，导致学习效果不佳。

（二）教学方法和手段

传统理论教学模式通常采用讲授法、演示法等教学方法，以教师为中心，通过口头讲解和板书、PPT等手段向学生传授知识。这种教学方法在一定程度上能够保证教学质量和效率，但也存在一些问题。例如，讲授法容易使学生陷入被动接受知识的状态，缺乏主动思考和探索的机会；演示法虽然能够直观地展示单片机的工作原理和编程过程，但难以让学生真正参与到实践操作中。

为了改进这些问题，教师可以采用多种教学方法和手段，如案例分析法、讨论法、实验法等。这些教学方法能够激发学生的学习兴趣和主动性，提高学生的参与度和学习效果。

（三）实验与操作环节

传统理论教学模式通常包括一定的实验与操作环节，以巩固学生的理论知识和提高学生的实践能力。然而，由于实验设备和场地的限制，这些实验与操作环节往往难以得到充分实施。此外，由于实验内容与实际应用的脱节，学生往往难以将所学知识应用于实际问题。

为了改进这些问题，教师可以采用虚拟仿真实验、在线实验平台等现代化教学手段。这些教学手段能够模拟真实的实验环境，让学生在虚拟环境中进行实验操作，提高实验效果和学生的实践能力。同时，教师还可以结合实际应用场景设计实验内容，让学生更好地理解和应用所学知识。

（四）评价与反馈机制

传统理论教学模式通常采用闭卷考试或开卷考试的方式对学生进行评价。这种评价方式虽然能够客观地反映学生的知识掌握情况，但难以全面评价学生的实践能力和综合素质。此外，由于考试时间和内容的限制，教师难以给出详细的反馈和建议。

为了改进这些问题，教师可以采用多种评价方式和反馈机制。例如，可以采用项目评价、实践报告等方式评价学生的实践能力和综合素质；可以采用在线测试、作业批改等方式及时给出反馈和建议。这些评价方式和反馈机制能够更好地反映学生的学习情况和进步程度，有助于教师及时调整教学策略和方法。

二、实验教学模式

在单片机教学中，实验教学模式是理论教学的有力补充，它通过实践操作帮助学生深化对理论知识的理解，并培养学生的动手能力和问题解决能力。

（一）实验教学的目的与意义

实验教学模式的主要目的是通过实践操作，让学生亲身体验单片机的工作原理、编程方法以及应用开发过程。这一模式对于单片机教学具有重要意义：首先，实验教学能够帮助学生巩固理论知识，通过亲手操作加深对知识点的理解和记忆；其次，实验教学能够培养学生的实践能力和创新精神，让学生在实践中发现问题、解决问题，从而激发其创新思维和创造力；最后，实验教学还能够增强学生的团队协作能力，让学生在合作中学会分工、协作和沟通，为未来职业生涯打下坚实基础。

（二）实验教学内容与方法

实验教学内容通常包括基础实验和综合实验两大类。基础实验主要围绕单片机的基本功能进行，如I/O端口操作、定时器/计数器应用、中断处理等，旨在帮助学生掌握单片机的基本编程方法和调试技巧。综合实验则更加注重实际应用，通过设计具有一定功能的系统来锻炼学生的综合实践能力，如设计一款基于单片机的智能小车、温度控制系统等。

在教学方法上，实验教学通常采用教师演示、学生操作、教师指导相结合的方式。教师首先进行实验操作演示，让学生了解实验目的、步骤和注意事项；然后学生自己动手操作，完成实验任务；最后教师对学生的实验结果进行点评和指导，帮助学生发现问题并改进。

（三）实验教学设备与环境

实验教学设备与环境是实验教学模式的重要支撑。为了满足实验教学的需要，学校通常会配备一定数量的单片机实验箱、仿真器、示波器等实验设备，并建设专门的单片机实验室。这些设备能够模拟真实的单片机应用环境，让学生在实际操作中感受到单片机的工作状态。同时，学校还应注重实验室的开放性和共享性，鼓励学生利用课余时间进行自主实验和创新实践。

然而，实验教学设备与环境也存在一些问题。首先，由于设备更新速度较快，学校难以保证所有设备都能跟上技术发展的步伐；其次，由于实验室资源有限，难以满足所有学生的实验需求。针对这些问题，学校可以采取一些措施来改进实验教学环境，如增加设备投入、优化实验室管理、推广虚拟仿真实验等。

（四）实验教学评价与反馈

实验教学评价是检验实验教学效果的重要手段。与传统理论教学评价相比，实验教学评价更加注重学生的实践能力和综合素质。因此，实验教学评价应采用多元化的评价方式和手段。除了传统的实验操作成绩评价外，还可以引入项目评价、团队合作评价、创新能力评价等方式来全面评价学生的实践能力和综合素质。同时，教师还应注重对学生的实验过程进行观察和指导，及时发现学生的问题并给予反馈和建议。这种及时的反馈有助于学生及时纠正错误并改进实验方法，从而提高实验效果和学习质量。

三、项目驱动教学模式

在单片机教学中，项目驱动教学模式以其独特的优势，逐渐成为教学改革的热点。该模式通过引入真实的或模拟的项目，让学生在实践中学习、探索和创新，有效地提升了学生的动手能力和综合素质。

（一）项目驱动教学的理念与目标

项目驱动教学模式的核心在于将学习与实际项目相结合，使学生在完成具体项目的过程中，掌握单片机的知识和技能。其理念在于"做中学"，即让学生在实践中发现问题、分析问题、解决问题，从而加深对理论知识的理解，提高解决实际问题的能力。项目驱动教学的目标是培养学生的实践创新能力、团队协作能力、问题解决能力和自主学习能力，为其未来的职业生涯奠定坚实基础。

在项目驱动教学模式下，教师不再是单纯的知识传授者，而是项目的引导者、指导者和评估者。学生则成为项目的主导者，通过团队协作、自主探究、创新实践等方式，完成项目的任务，实现知识的内化与迁移。

（二）项目设计与选择

在项目驱动教学模式中，项目的设计与选择至关重要。项目应具有真实性、挑战性、实用性和趣味性，能够激发学生的学习兴趣和探究欲望。同时，项目还应与单片机的课程内容紧密相关，能够涵盖课程的主要知识点和技能点。

在项目设计上，教师可以结合实际应用场景，设计具有实际意义的项目。例如，设计一个基于单片机的智能温度控制系统、智能家居控制系统等。这些项目不仅具有实际应用价值，还能让学生在实践中掌握单片机的编程方法、接口技术、传感器应用等知识点。

在项目选择上，教师应充分考虑学生的兴趣和能力水平，确保项目难度适中、任务明确、可操作性强。同时，教师还应鼓励学生自主选择项目，激发学生的主动性和创造性。

（三）项目实施与管理

项目实施是项目驱动教学模式的核心环节。在这一环节中，学生需要组建团队、制订计划、分工协作、实施项目并完成任务。教师则需要对学生的项目实施过程进行管理和指导，确保项目能够顺利进行并达到预期目标。

在项目实施过程中，教师应注重培养学生的团队协作能力和问题解决能力。鼓励学生之间的交流与协作，共同解决问题。同时，教师还应关注学生在项目实施过程中遇到的问题和困难，及时给予指导和帮助。

在项目管理上，教师可以采用项目管理软件或工具来辅助管理。通过项目管理软件，教师可以实时掌握项目进度、任务分配、成员表现等情况，以便及时调整教学策略和方法。

（四）项目评价与反思

项目评价是项目驱动教学模式的重要组成部分。通过项目评价，教师可以了解学生的学习效果和能力水平，为今后的教学提供参考。同时，项目评价还能激发学生的竞争意识和进取心，促进学生之间的学习和交流。

在项目评价上，教师应采用多元化的评价方式。除了传统的作业评价和考试评价外，还可以引入项目成果展示、团队协作评价、创新能力评价等方式来全面评价学生的能力和素质。同时，教师还应注重评价结果的反馈和利用，帮助学生发现不足并改进提高。

在项目反思上，教师应引导学生对整个项目实施过程进行反思和总结。通过反思和总结，学生可以更加深入地了解自己在项目实施过程中的表现和不足，以便在今后的学习和实践中不断改进和提高。同时，教师也应反思自己在项目实施过程中的教学策略和方法，以便不断优化教学效果和提高教学质量。

四、混合教学模式的应用

在单片机教学中，混合教学模式结合了传统课堂教学与现代在线教学的优势，为学生提供了更加多元化、个性化的学习体验。

（一）混合教学模式的理念与特点

混合教学模式的理念在于充分利用现代信息技术的优势，将传统课堂教学与在线教学相结合，实现教学资源的优化配置和教学效果的最大化。该模式通过线上线下相结合的教学方式，让学生在课堂上获得教师的直接指导并积极互动，同时在课后利用在线平台进行自主学习和巩固练习。

在单片机教学中，混合教学模式的特点主要体现在以下几个方面：首先，它打破了传统课堂的时空限制，学生可以随时随地进行学习；其次，它提供了丰富多样的教学资源和学习工具，满足学生个性化的学习需求；再次，它加强了师生之间的交流与互动，提高了教学的针对性和实效性；最后，它促进了学生的自主学习和探究能力的发展，培养了学生的创新精神和团队协作能力。

（二）混合教学模式的设计与实施

在单片机教学中，混合教学模式的设计与实施需要遵循一定的原则和方法。

（1）教师应根据课程目标和学生特点，设计合适的教学内容和项目任务。这些内容和任务应涵盖单片机的基础知识、编程技能、应用实践等方面，并具有一定的挑战性和实用性。

（2）教师应选择适合的教学平台和工具，如在线课程平台、虚拟实验平台、协作工具等，为学生提供丰富的学习资源和支持。同时，教师还应制订详细的教学计划和时间表，确保线上线下教学的有序进行。

（3）在实施过程中，教师应注重线上线下的融合与互动。在课堂上，教师可以通过讲解、演示、提问等方式引导学生进行学习和思考；在课后，教师可以通过在线平台发布作业、答疑解惑、组织讨论等方式促进学生的自主学习和巩固练习。此外，教师还应定期对学生的学习情况进行评估和反馈，及时调整教学策略和方法。

（三）混合教学模式的优势与挑战

混合教学模式在单片机教学中的应用具有许多优势。首先，它提高了教学的灵活性和个性化程度，使学生可以根据自己的学习进度和兴趣进行学习；其次，它丰富了教学手段和教学资源，使学生可以获得更加全面、深入的学习体验；再次，它加强了师生之间的交流与互动，使教学更加生动、有趣；最后，它促进了学生的自主学习和探究能力的发展，为学生未来的学习和工作打下了坚实的基础。

然而，混合教学模式也面临一些挑战。首先，教师需要具备较高的信息素养和教学能力，能够熟练掌握各种教学平台和工具的使用；其次，学生需要具备一定的自律性和自我管理能力，能够合理安排时间、自主完成学习任务；最后，教学资源和设备需要得到充分的保障和支持，以满足混合教学模式的需求。

（四）混合教学模式的未来发展与改进

随着信息技术的不断发展和教育改革的深入推进，混合教学模式在单片机教学中的应用将会得到更加广泛和深入的发展。未来，可以从以下几个方面进行改进和拓展：首先，加强教学平台和工具的研发和更新，提高其易用性和功能性；其次，注重线上线下教学的融合与创新，探索更多有效的教学方法和手段；再次，加强教师培训和团队建设，提高教师的信息素养和教学能力；最后，关注学生的个性化需求和发展方向，为其提供更加精准、有效的学习支持和指导。

第二节　教学中存在的问题与挑战

一、教学内容与实际应用脱节

在单片机教学过程中，教学内容与实际应用脱节是一个普遍存在的问题。这不仅影响了学生的学习效果，也限制了他们在实际工作中的应用能力。

（一）理论教学与实践操作的不匹配

在单片机教学中，理论教学往往占据了主导地位，实践操作则相对较少。这种教学方式导致学生虽然掌握了理论知识，但在面对实际问题时却无从下手。理论知识的抽象性和复杂性使得学生在没有足够实践经验的情况下难以理解和应用。因此，教学内容需要更加注重实践操作，让学生在实践中学习和掌握单片机技术。

此外，理论教学与实践操作的不匹配还体现在教材内容的更新速度上。随着技术的快速发展，单片机技术也在不断更新换代。然而，许多教材的内容却相对滞后，无法及时反映最新的技术动态和应用场景。这导致学生在学习过程中无法接触到最新的技术和应用，从而影响了他们的学习效果和实际应用能力。

（二）教学内容与企业需求的错位

在单片机教学中，教学内容往往与企业实际需求存在一定的错位。学校的教学内容往往注重基础知识和理论体系的完整性，企业则更加注重实际应用和解决问题的能力。这种错位导致学生在毕业后无法迅速适应企业的工作环境和需求，需要花费大量的时间和精力进行二次学习。

为了解决这个问题，学校应该加强与企业的合作与交流，了解企业的实际需求和技术动态。同时，学校还应该注重培养学生的实践能力和创新精神，让他们在学习过程中能够接触到更多的实际应用场景和案例。此外，学校还可以邀请企业专家来校授课或开设讲座，让学生更加深入地了解企业的需求和期望。

（三）实验设备与实际应用环境的差异

在单片机教学中，实验设备是学生学习和实践的重要工具。然而，许多学校的实验设备与实际应用环境存在一定的差异。这种差异导致学生在实验过程中无法真正体验到实际应用中的复杂性和挑战性，也无法全面了解和掌握单片机的应用技术和方法。

为了解决这个问题，学校应该加强实验设备的建设和管理，尽可能使实验设备与实际应用环境相接近。同时，学校还可以与企业合作共建实验室或实训基地，让学生在更加真实的环境中进行学习和实践。此外，学校还可以鼓励学生参加各种实践活动和比赛，提高他们的实践能力和创新意识。

（四）教学方法与学生学习习惯的冲突

在单片机教学中，教学方法与学生学习习惯的冲突也是一个常见的问题。许多教师采用传统的讲授式教学方法，注重知识的传授和灌输，而忽视了学生的主体性和参与性。这种教学方法导致学生缺乏学习兴趣和动力，也无法培养他们的自主学习和探究能力。

为了解决这个问题，教师应该注重教学方法的创新和改革，可以采用项目驱动、案例分析、小组讨论等教学方法来激发学生的学习兴趣和动力，提高学生的参与度和主动性。同时，教师还应该注重培养学生的自主学习和探究能力，让他们能够主动地学习、思考和实践。此外，教师还应该关注学生的个体差异和学习需求，为他们提供更加个性化、精准化的教学支持。

二、教学资源配置不足

在单片机教学中，教学资源的配置不足是一个制约教学质量提升的重要因素。教学资源的缺乏不仅影响学生的学习体验，也限制了教师的教学创新和实践。

（一）硬件设备资源不足

单片机教学需要大量的硬件设备作为支撑，包括单片机开发板、传感器、执行器等。然而，在实际教学中，许多学校面临硬件设备资源不足的问题。这导致学生在学习过程中无法充分接触和了解各种硬件设备，也无法通过实践操作来加深对理论知识的理解和应用。

为了解决这个问题，学校应该加大对硬件设备资源的投入，增加设备数量，提高设备质量。同时，学校可以积极与企业合作，争取企业捐赠或共建实验室，共享硬件资源。此外，学校还可以鼓励学生自己购买或制作一些简单的硬件设备，如使用 Arduino 等开源硬件平台，来弥补学校资源的不足。

（二）软件与教学资源匮乏

除了硬件设备资源不足外，软件与教学资源匮乏也是单片机教学中的一个常见问题，这包括教学软件、实验指导书、在线课程、教学案例等。这些资源的缺乏使得教师在备课和教学过程中缺乏必要的支持和参考，也使学生在学习过程中难以获得全面、深入的学习资源。

为了解决这个问题，学校应该积极引进和开发优质的教学软件和教学资源。这可以通过购买商业软件、开发开源软件、建设在线课程平台等方式来实现。同时，学校还可以鼓励教师自己编写实验指导书和教学案例，分享自己的教学经验和心得。此外，学校还可以与其他学校或机构合作，共享教学资源，实现优势互补。

（三）教师资源短缺与素质参差不齐

在单片机教学中，教师资源的短缺和素质参差不齐也是一个不容忽视的问题。由于单片机技术的专业性和复杂性，对教师的专业素养和教学能力要求较高。然而，目前许多学校面临单片机教师资源短缺的问题，同时现有教师的专业素养和教学能力也存在一定差异。

为了解决这个问题，学校应该加强对单片机教师的培养和引进。可以通过设立专项基金、提供培训机会、引进高水平教师等方式来提高教师的专业素养和教学能力。同时，学校还可以鼓励教师参加各种教学比赛和研讨会，提高教师的教学水平和创新能力。此外，学校还可以建立教师评价和激励机制，激发教师的工作积极性和创造力。

（四）教学空间与设施不足

教学空间与设施的不足也是教学资源配置不足的一个重要方面。单片机教学需要足够的教室、实验室、实训基地等教学空间，以及相应的设施和设备。然而，在实际教学中，许多学校面临着教学空间与设施不足的问题，这导致学生在学习和实践过程中受到限制，无法充分发挥自己的能力。

为了解决这个问题，学校应该加大对教学空间与设施的投入，扩大教学空间，完善教学设施。可以通过新建或改造教室、实验室、实训基地等方式来提高教学空间与设施的质量和数量。同时，学校还可以积极争取政府和社会各界的支持，共同建设高水平的教学空间与设施。此外，学校还可以鼓励学生利用课余时间到企业实习或参加实践活动，以弥补学校教学空间与设施的不足。

三、教学方法单一和缺乏创新

在单片机教学中，教学方法的单一和缺乏创新已成为制约教学效果提升的重要因素。传统的教学方法往往以讲授为主，缺乏互动性和实践性，导致学生被动接受知识，难以激发其学习兴趣和创造力。

（一）讲授式教学法的局限性

讲授式教学法是单片机教学中最常用的方法之一，它注重知识的系统性和完整性，通过教师的讲解和演示来传授知识。然而，这种方法存在明显的局限性。首先，它忽视了学生的主体性和参与性，学生往往处于被动接受知识的状态，缺乏主动思考和探索的机会。其次，讲授式教学法往往注重理论知识的传授，而忽视了学生的实践能力和创新精神的培养。这导致学生虽然掌握了理论知识，但在面对实际问题时却无从下手。

为了突破讲授式教学法的局限性，教师可以尝试采用项目驱动、案例分析等更加互动和实践的教学方法。这些方法能够激发学生的学习兴趣和主动性，让学生在参与中学习和成长。同时，教师还可以利用多媒体技术、虚拟现实等现代教学手段来丰富教学内容和形式，提高教学效果。

（二）缺乏实验和实践环节

单片机教学具有很强的实践性和应用性，需要学生通过实验和实践来加深对理论知识的理解和应用。然而，在实际教学中，许多学校往往忽视了实验和实践环节的重要性，导致学生缺乏实际操作和应用的经验。

为了加强实验和实践环节的教学，学校应该加大对实验设备的投入和管理，确保学生有足够的实验条件。同时，教师还可以设计一些与实际应用紧密相关的实验项目和实践任务，让学生在实践中学习和探索。此外，学校还可以与企业合作共建实训基地或实验室，让学生有机会接触到真实的工作环境和项目，提高其实践能力和创新精神。

（三）忽视学生个体差异和学习需求

每个学生都是独特的个体，他们的学习基础、兴趣、需求等方面都存在差异。然而，在实际教学中，许多教师往往忽视了学生个体差异和学习需求的重要性，采用一刀切的教学方法进行教学。这导致一些学生难以适应教师的教学方式，学习效果不佳。

为了关注学生的个体差异和学习需求，教师应该采用差异化教学策略。这包括根据学生的实际情况制订个性化的教学计划、提供多样化的学习资源和支持、采用多种教学方法和手段来激发学生的学习兴趣和主动性等。同时，教师还应该加强与学生的沟通和交流，了解他们的学习情况和需求，及时调整教学策略和方法。

（四）缺乏教学反馈和评估机制

教学反馈和评估是教学中不可或缺的一环。通过教学反馈和评估，教师可以了解学生的学习情况和教学效果，及时调整教学策略和方法。然而，在实际教学中，许多教师往往忽视了教学反馈和评估的重要性，缺乏有效的教学反馈和评估机制。

为了建立有效的教学反馈和评估机制，学校应该制定明确的教学目标和评价标准，采用多种评估方式和方法来评价学生的学习效果和教师的教学质量。同时，教师还应该加强与学生的互动和沟通，及时获取学生的反馈和建议，以便更好地调整教学策略和方法。此外，学校还可以建立教学督导和评估机制，对教师的教学进行定期检查和评估，提高教师的教学水平和教学质量。

四、学生实践机会有限

在单片机教学中，学生实践机会的有限性是影响其学习效果和实际应用能力的重要因素。缺乏实践机会导致学生难以将理论知识转化为实际技能，无法深入理解和掌握单片机技术。

（一）课堂内实践机会不足

课堂是学生获取知识和技能的主要场所，但往往受限于时间、资源和教学安排，课堂内的实践机会相对有限。在单片机教学中，教师往往需要在有限的时间内完成理论知识的讲解，留给学生的实践时间则相对较少。这导致学生无法在课堂上充分进行实验操作，也难以对理论知识进行深入验证和应用。

为了增加课堂内的实践机会，教师可以优化教学内容和教学方法，合理安排理论讲解和实践操作的时间。例如，可以采用项目式教学法，将理论知识融到实践项目中，让学生在完成项目的过程中学习和应用知识。此外，教师还可以利用多媒体技术、虚拟实验平台等现代教学手段，为学生提供更多的模拟实验和实践机会。

（二）课外实践机会受限

课外实践是课堂内实践的重要补充，能够为学生提供更加广阔和真实的实践环境。然而，在实际教学中，学生课外实践机会往往受限。一方面，学校可能缺乏足够的实践基地和合作企业，导致学生难以找到合适的实践机会；另一方面，学生自身也可能因为时间、精力等无法充分参与课外实践活动。

为了拓展学生的课外实践机会，学校可以积极与企业合作，建立实践基地和校企合作项目，为学生提供更多的实践机会。同时，学校还可以鼓励学生自主寻找实践机会，如参加各类科技竞赛、实习实训等，以提高其实践能力和创新精神。此外，学校还可以加强对学生课外实践活动的指导和支持，帮助学生更好地规划和实践。

（三）实践资源分配不均

在单片机教学中，实践资源的分配不均也是一个导致学生实践机会有限的问题。一些学校或班级可能拥有更加丰富的实践资源和机会，另一些则相对匮乏。这种不均衡的分配导致一些学生能够获得更多的实践机会和锻炼，另一些则相对落后。

为了解决实践资源分配不均的问题，学校应该加强实践资源的统筹和调配，确保每个学生都能获得足够的实践机会。这包括加大对实践资源的投入和管理力度，优化实践资源的配置和使用方式，以及建立实践资源共享机制等。同时，学校还应该加强对学生的实践指导和支持，帮助他们更好地利用实践资源，提高实践效果。

（四）实践环境和条件限制

实践环境和条件是影响学生实践机会的重要因素之一。在单片机教学中，一些学校可能由于场地、设备等原因无法为学生提供良好的实践环境和条件。这导致学生无法充分进行实验操作和实践应用，也难以获得良好的实践效果。

为了改善实践环境和条件，学校应该加大对实践场地和设备的投入及管理力度，确保学生能够在良好的实践环境中进行学习和实践。同时，学校还可以积极引进新技术和新设备，为学生提供更加先进和实用的实践资源。此外，学校还可以加强与企业和社会的合作，共同建设实践基地和实验室，为学生提供更加广阔的实践空间和机会。

五、在线教学资源的问题

在线教学资源在单片机教学中扮演着越来越重要的角色，为学生提供了便捷、灵活的学习途径。然而，这些资源也存在一定的局限性，对教学效果产生了一定的影响。

（一）资源质量的参差不齐

在线教学资源种类繁多，但质量却参差不齐。由于资源制作和发布的门槛相对较低，导致一些质量不高的资源充斥网络。这些资源可能存在内容错误、信息过时、缺乏系统性等问题，给学生学习带来困扰。

　　为了克服这一局限性，需要建立严格的在线教学资源审核机制，确保资源的质量。相关机构或平台应对上传的资源进行严格的筛选和审核，确保内容的准确性和时效性。同时，学校或教师可以对推荐的在线教学资源进行筛选和评估，为学生提供高质量的学习资源。

　　此外，还需要提高资源制作者的专业素养和责任心。资源制作者应具备扎实的专业知识和良好的教学能力，确保所制作的资源能够准确、系统地传递知识。同时，资源制作者应关注技术的最新发展动态，及时更新资源内容，确保信息的时效性。

（二）资源更新与维护的滞后

　　在线教学资源需要定期更新和维护，以保持其时效性和可用性。然而，在实际操作中，资源更新与维护往往滞后于技术的发展和教学需求的变化。这导致一些资源在发布后很快过时，无法满足学生的学习需求。

　　为了克服这一局限性，需要建立定期更新和维护在线教学资源的机制。相关机构或平台应定期检查和评估资源的时效性和可用性，及时对过时或错误的资源进行更新和修正。同时，可以鼓励教师和学生积极反馈资源的使用情况，为资源的更新和维护提供参考依据。

　　此外，可以引入智能化、自动化的资源更新和维护系统，利用算法和数据分析技术，自动检测和更新资源内容，提高资源更新和维护的效率。

（三）缺乏互动与反馈机制

　　在线教学资源通常缺乏互动与反馈机制，导致学生难以获得及时的帮助和反馈。在学习过程中，学生可能会遇到各种问题和困惑，但由于缺乏互动与反馈机制，他们往往无法及时得到解答和指导。

　　为了克服这一局限性，需要建立在线教学资源的互动与反馈机制。相关机构或平台可以设立在线答疑区或论坛，鼓励学生提出问题和困惑，并邀请专家或教师进行解答和指导。同时，可以建立学生评价系统，让学生对学习资源进行评价和反馈，为资源的改进提供参考依据。

　　此外，教师可以利用在线教学资源平台，组织线上讨论、小组协作等活动，增加学生之间的互动和交流，提高学习效果。

（四）学生自主学习能力的挑战

在线教学资源虽然为学生提供了便捷的学习途径，但也对学生的自主学习能力提出了更高的要求。在缺乏教师直接指导的情况下，学生需要具备一定的自主学习能力和自我管理能力，才能充分利用在线教学资源进行学习。

为了克服这一局限性，需要加强对学生的自主学习能力和自我管理能力的培养。学校或教师可以组织相关培训和讲座，向学生介绍有效的自主学习方法和技巧；同时，可以建立学生自主学习档案和跟踪系统，及时了解学生的学习情况和问题，并提供相应的指导和帮助。

此外，家长和社会也应加强对学生的支持和鼓励，帮助学生树立正确的学习态度和价值观，提高自主学习能力。

六、教学评价方法的问题

在单片机教学中，教学评价是不可或缺的一环，它旨在评估学生的学习效果，为教学提供反馈，以便进行持续改进。然而，当前的教学评价方法在应用中存在一定的局限性，下面从四个方面进行详细分析。

（一）评价方法单一化

目前，单片机教学评价方法多数仍然停留在传统的笔试和实验报告上，这种单一化的评价方式难以全面反映学生的学习效果和综合能力。笔试主要考查学生的理论知识掌握情况，但难以评估其实践操作能力和创新思维；实验报告虽然能体现学生的实践成果，但往往缺乏对实验过程、问题解决能力和团队协作能力的深入评价。

为了克服这一局限性，需要采用多元化的评价方法。除了笔试和实验报告外，可以引入口头报告、项目展示、小组讨论等形式，以全面评估学生的理论知识、实践操作能力、创新思维和团队协作能力。同时，可以运用现代技术手段，如在线测试、虚拟实验等，提高评价的效率和准确性。

（二）评价内容片面化

当前的教学评价方法往往过于注重知识的记忆和复制，而忽视了对学生创新能力、批判性思维等高层次能力的评价。在单片机教学中，学生不仅需要掌握基本的理论知识和操作技能，还需要具备解决实际问题的能力、创新思维和团队协作能力等。

为了克服这一局限性，需要丰富评价内容，注重对学生高层次能力的评价。在评价过程中，可以引入一些开放性问题或项目，让学生自主思考和解决，以评估其创新能力和批判性思维。同时，可以关注学生在团队中的表现，评价其团队协作能力和领导才能。

（三）评价主体单一化

目前的教学评价主要由教师主导，学生往往处于被动接受评价的地位。这种单一化的评价主体忽视了学生在评价过程中的主体地位，难以激发学生的学习积极性和主动性。

为了克服这一局限性，需要实现评价主体的多元化。除了教师评价外，可以引入学生自评、互评和家长评价等形式，让学生和家长也参与到评价过程中来。通过学生自评和互评，可以激发学生的学习兴趣和主动性，培养其自我反思和自我提升的能力；通过家长评价，可以加强家校合作，共同关注学生的学习成长。

（四）评价结果反馈不及时

当前的教学评价方法往往存在评价结果反馈不及时的问题。学生在完成学习任务后，往往需要等待较长时间才能得到评价结果和反馈意见，这不利于学生及时发现问题并进行改进。

为了克服这一局限性，需要建立及时有效的评价结果反馈机制。教师可以利用现代技术手段，如在线测试、即时通信工具等，实现对学生学习情况的实时监控和反馈。同时，可以定期组织学生进行自我评价和反思，及时发现并改进自身存在的问题。此外，学校或教育机构可以建立专门的教学评价机构或平台，负责收集、整理和分析评价结果，为教师提供有针对性的教学改进建议。

第三节 学生学习的难点与困惑

一、理论知识难以理解

在单片机教学中，学生常常面临理论知识难以理解的困境。这种困惑不仅影响了学生的学习进度，也降低了其学习兴趣和动力。

（一）抽象概念与复杂逻辑

单片机技术涉及许多抽象的概念和复杂的逻辑，如寄存器、中断、时序等。这些概念对于初学者来说往往难以理解，容易造成混淆和困惑。此外，单片机的工作原理和内部机制也相对复杂，需要学生具备较高的逻辑思维能力和抽象思维能力。

为了帮助学生理解这些抽象概念和复杂逻辑，教师可以采用更加直观和生动的教学方法。例如，通过动画、模拟实验等方式来展示单片机的内部结构和工作原理，帮助学生建立直观的认识。同时，教师还可以通过实例分析和问题解决来引导学生深入理解理论知识，提高其逻辑思维能力和抽象思维能力。

（二）跨学科知识的融合

单片机技术涉及电子、计算机、通信等多个学科的知识，需要学生进行跨学科知识的融合。然而，在实际学习中，学生往往难以将这些知识有效地联系起来，导致理解困难。

为了帮助学生融合跨学科知识，教师可以采用综合性和案例式的教学方法。通过设计综合性的实验项目或案例，将不同学科的知识融合在一起，让学生在实践中学习和理解。此外，教师还可以引导学生阅读相关领域的文献和资料，拓宽其知识视野和思维方式。

（三）学习方法和策略的不足

学习方法和策略的不足也是导致学生难以理解理论知识的原因之一。许多学生在学习中缺乏有效的方法和策略，无法高效地掌握和应用知识。

为了帮助学生提高学习方法和策略，教师可以加强对学生学习方法的指导和培训。例如，可以介绍一些有效的学习方法和策略，如思维导图、归纳总结、复述讲解等，帮助学生更好地理解和记忆知识。同时，教师还可以引导学生制订合理的学习计划和目标，提高其学习效率和自主学习能力。

（四）学习动力和兴趣的缺乏

学习动力和兴趣的缺乏也是导致学生难以理解理论知识的一个重要因素。在单片机学习中，许多学生可能感到枯燥无味或缺乏挑战性，从而失去学习的兴趣和动力。

为了激发学生的学习动力和兴趣，教师可以采用更加生动和有趣的教学方法。例如，可以设计一些有趣的实验项目或挑战任务，让学生在实践中体验学习的乐趣和成就感。同时，教师还可以引导学生关注单片机技术的实际应用和发展趋势，增强其学习的目的性和实用性。此外，教师还可以通过表扬、奖励等方式激励学生积极参与学习和实践，提高其学习动力和兴趣。

二、编程实践困难重重

在单片机学习中，编程实践是至关重要的一环，然而学生在这一过程中常常面临各种困难和挑战。

（一）编程语言与编程环境的不熟悉

对于初学者来说，单片机编程语言和编程环境的不熟悉是首要的困难。不同的单片机可能采用不同的编程语言，如汇编语言、C 语言等，而这些语言对于初学者来说往往较为陌生。同时，编程环境（如 IDE、编译器等）的复杂性也可能让学生感到无从下手。

为了帮助学生克服这一困难，教师需要在教学初期详细介绍并演示所使用的编程语言和编程环境。通过具体的案例和实例，教师可以引导学生逐步熟悉和掌握编程语言的基本语法和编程环境的使用方法。此外，教师还可以推荐一些优质的在线教程和资源，供学生自主学习和参考。

（二）编程逻辑与算法理解的困难

单片机编程涉及复杂的逻辑和算法，需要学生具备较强的逻辑思维能力和算法设计能力。然而，由于学生个体差异和学习基础的不同，部分学生可能在这方面存在困难。

为了帮助学生理解编程逻辑和算法，教师可以采用更加直观和生动的教学方法。例如，通过流程图、伪代码等方式来展示算法的执行过程，帮助学生建立清晰的认识。同时，教师还可以设计一些简单的编程题目，让学生在实际操作中逐步掌握编程逻辑和算法的设计方法。此外，教师还可以通过小组讨论、互助学习等方式，促进学生之间的交流和合作，共同解决编程难题。

（三）实验设备和开发环境的限制

编程实践需要相应的实验设备和开发环境支持，然而在实际学习中，学生可能面临实验设备和开发环境不足或落后的困境。这可能导致学生无法进行充分的实验操作和调试，影响编程实践的效果。

为了克服这一困难，学校需要加大对实验设备和开发环境的投入和管理力度。确保学生有足够的实验设备和开发环境支持，同时及时更新和升级设备和软件，以满足教学需求。此外，学校还可以与企业和机构合作，共享实验设备和开发环境资源，为学生提供更加丰富的实践机会和条件。

（四）编程实践经验的缺乏

编程实践经验对于提高学生的编程能力至关重要。然而，由于学习时间和实践机会的限制，学生往往缺乏足够的编程实践经验。这可能导致学生在面对实际问题时无法灵活运用所学知识，难以解决实际问题。

为了增加学生的编程实践经验，教师可以设计一些与实际应用紧密相关的编程项目和实践任务。通过项目驱动的方式，让学生在实践中学习和成长。同时，学校还可以组织一些编程竞赛和实践活动，鼓励学生积极参与和展示成果。此外，学校还可以与企业合作，为学生提供实习实训的机会，让学生在真实的工作环境中积累编程实践经验。

三、缺乏实践项目经验

在单片机学习的过程中，缺乏实践项目经验是许多学生面临的一大挑战。这种经验的缺乏不仅影响学生对理论知识的深入理解，还限制了他们在实际工程中的应用能力。

（一）理论与实践的脱节

在单片机教学中，理论知识的讲授往往与实践操作相分离，导致学生难以将理论知识与实际应用相结合。这种理论与实践的脱节使得学生在面对实际项目时，无法将所学知识有效地应用于实践，从而感到困惑和无助。

为了解决这个问题，教师应注重将理论知识与实践操作相结合。在教学过程中，可以引入实际项目案例，让学生在实际操作中学习和掌握知识。通过案例分析，学生可以更加直观地理解理论知识在实际项目中的应用，从而加深对知识的理解和记忆。此外，教师还可以鼓励学生参与课外实践项目，如参加电子设计竞赛、参与企业实习等，以积累实践项目经验。

（二）实践项目资源的匮乏

缺乏实践项目资源是限制学生积累实践项目经验的另一大障碍。在单片机学习中，学生需要接触和参与各种实践项目，以便深入了解单片机技术的应用和发展趋势。然而，由于学校或地区资源的限制，学生往往难以获得足够的实践项目资源。

为了解决这个问题，学校应加大对实践项目资源的投入和管理力度。可以与企业合作，共同建设实践项目资源库，为学生提供更多的实践项目机会。同时，学校还可以组织实践项目交流会，让学生分享自己的实践经验和成果，促进彼此之间的学习和交流。此外，学校还可以鼓励学生自主寻找实践项目资源，如参与开源项目、参加在线课程等，以拓展自己的实践项目经验。

（三）实践项目指导的不足

在参与实践项目的过程中，学生往往需要得到教师的指导和帮助。然而，在实际教学中，由于教师时间和精力的限制，学生往往难以得到充分的实践项目指导。这种指导的不足会使学生在面对实践项目时感到迷茫和无助，从而影响他们的实践效果和学习动力。

为了解决这个问题，学校应加强对实践项目指导的重视和支持。可以设立专门的实践项目指导教师团队，为学生提供全方位的指导和帮助。指导教师团队可以根据学生的实践需求和水平，量身定制实践项目方案，并在项目执行过程中进行实时的跟踪和指导。同时，学校还可以邀请企业导师或行业专家参与实践项目指导，为学生提供更加专业和实用的建议和指导。

（四）实践项目经验的积累与总结缺乏

在参与实践项目的过程中，学生需要不断积累和总结经验教训，以便提高自己的实践能力和水平。然而，在实际教学中，学生往往缺乏这种积累和总结的意识和方法。他们可能只是简单地完成实践项目任务，而没有深入思考其中的问题和解决方法，也没有对自己的实践经验和成果进行总结和归纳。

为了解决这个问题，教师应引导学生注重实践项目经验的积累和总结。可以在实践项目结束后组织学生进行项目总结报告撰写或成果展示活动，让学生回顾和反思自己在实践项目中的表现和经验教训。通过总结和归纳，学生可以更加深入地理解单片机技术的应用和发展趋势，提高自己的实践能力和水平。同时，这种积累和总结的经验教训还可以为其他学生提供参考和借鉴。

四、对物联网技术认知模糊

在当今信息科技迅猛发展的时代，物联网技术已经成为推动社会进步的重要力量。然而，对于许多学生来说，物联网技术仍然是一个相对模糊和陌生的概念。

（一）物联网技术的基本概念与原理

物联网技术是一个涉及广泛、内容复杂的领域，其基本概念和原理对于初学者来说往往难以理解。物联网技术涵盖了传感器技术、无线通信技术、云计算等多个方面，这些技术的融合使得物联网能够实现物与物、物与人的智能互联。然而，由于这些技术本身的复杂性和多样性，学生往往难以形成清晰的概念和认识。

为了帮助学生建立对物联网技术的清晰认识，教师应从基本概念和原理入手，通过生动具体的案例和实例，向学生介绍物联网技术的核心思想和关键技术。同时，教师还可以引导学生阅读相关书籍和文献，深入了解物联网技术的历史发展、现状和未来趋势。此外，学校可以组织物联网技术讲座或研讨会，邀请行业专家进行授课和交流，帮助学生加深对物联网技术的理解和认识。

（二）物联网技术的应用领域与场景

物联网技术的应用领域非常广泛，涵盖了智能家居、智能交通、工业自动化等多个领域。然而，对于许多学生来说，他们往往难以将物联网技术与实际应用场景相结合，难以想象物联网技术在实际生活和工作中的具体应用。

为了帮助学生理解物联网技术的应用领域和场景，教师可以结合具体案例和实践项目，向学生展示物联网技术在各个领域中的实际应用。例如，在智能家居领域，可以通过展示智能家居系统的功能和特点，让学生了解物联网技术如何改变人们的生活方式；在智能交通领域，可以通过分析智能交通系统的组成和工作原理，让学生了解物联网技术如何提高交通效率和安全性。通过具体案例和实践项目的展示，学生可以更加直观地了解物联网技术的应用领域和场景，加深对物联网技术的认识和理解。

（三）物联网技术的安全与隐私问题

随着物联网技术的广泛应用，安全和隐私问题也日益凸显。物联网设备之间的通信和数据传输存在被攻击和泄露的风险，这给个人隐私和企业安全带来了极大的威胁。然而，对于许多学生来说，他们往往缺乏对物联网技术安全和隐私问题的认识和理解。

为了帮助学生认识物联网技术的安全和隐私问题，教师应加强对学生的安全教育和隐私保护意识的培养。在教学过程中，可以向学生介绍物联网技术中的安全漏洞和攻击手段，引导学生了解如何保护自己的隐私和数据安全。同时，教师还可以引导学生关注物联网技术的安全标准和法规政策，了解如何合规使用物联网技术。此外，学校可以组织相关的安全知识竞赛或实践活动，让学生在实践中学习和掌握物联网技术的安全知识。

（四）物联网技术的未来发展与趋势

物联网技术是一个不断发展的领域，其未来发展和趋势对于学生来说也是一个重要的关注点。然而，由于物联网技术的复杂性和多样性，学生往往难以预测和把握其未来发展和趋势。

为了帮助学生了解物联网技术的未来发展和趋势，教师应关注物联网技术的最新研究成果和发展动态，并及时向学生介绍。在教学过程中，可以引导学生关注物联网技术的创新应用和市场前景，了解物联网技术在不同领域的发展趋势和潜力。同时，教师还可以鼓励学生关注物联网技术的相关企业和研究机构，了解它们的发展动态和研究方向。通过关注物联网技术的未来发展和趋势，学生可以更加深入地了解物联网技术的潜力和价值，为未来的学习和工作做好准备。

第四节　教学改革的必要性与紧迫性

一、适应社会对人才的需求

随着科技的迅猛发展和社会的不断进步，社会对人才的需求也在不断变化。单片机技术作为现代电子信息技术的重要组成部分，其应用领域日益广泛，对人才的需求也日益迫切。因此，单片机教学改革显得尤为必要和紧迫，以适应社会对人才的需求。

（一）技术更新换代快速

在当今社会，技术更新换代的速度非常快，单片机技术也不例外。随着新材料、新工艺、新技术的不断涌现，单片机技术也在不断发展。这就要求单片机教学必须紧跟技术发展的步伐，不断更新教学内容和教学方法，以适应社会对人才的需求。如果单片机教学滞后于技术发展，那么培养出来的人才将无法满足社会的需求，导致人才供需失衡。

（二）创新能力要求高

在创新成为推动社会发展的重要动力的今天，社会对人才的创新能力要求也越来越高。单片机技术作为一种应用广泛的电子技术，其创新空间非常大。因此，单片机教学必须注重培养学生的创新能力，让学生在掌握基本知识和技能的基础上，能够独立思考、勇于创新。只有这样，才能培养出符合社会需求的高素质人才。

（三）综合素质需求提升

随着社会的不断进步和发展，社会对人才的综合素质要求也越来越高。单片机技术作为一种综合性很强的技术，其应用领域非常广泛，涉及电子、通信、计算机等多个领域。因此，单片机教学必须注重培养学生的综合素质，包括专业知识、实践能力、团队协作能力、沟通能力等。只有这样，才能培养出能够胜任多种岗位的高素质人才。

（四）实践操作能力需求增强

在现代社会中，实践操作能力已成为衡量人才能力的重要标准之一。单片机技术作为一种实践性很强的技术，其实践操作能力对于学生的职业发展至关重要。因此，单片机教学必须注重培养学生的实践操作能力，让学生在掌握理论知识的同时，能够熟练掌握实际操作技能。通过实践操作，学生能够更好地理解理论知识，提高解决问题的能力，从而更好地适应社会的需求。

二、推动单片机教学的持续发展

单片机教学作为电子信息技术领域的重要组成部分，其持续发展对于培养高质量人才、推动科技进步和产业发展具有重要意义。

（一）加强学科建设与专业定位

单片机教学的持续发展首先需要加强学科建设与专业定位。学科建设是教学发展的基础，需要不断完善和优化单片机学科的课程体系、教材建设、师资力量等方面。同时，要明确单片机教学的专业定位，根据行业需求和技术发展趋势，调整专业方向和培养目标，确保教学与市场需求紧密对接。

在加强学科建设与专业定位的过程中，应注重跨学科融合与交叉创新。单片机技术涉及电子、计算机、通信等多个学科领域，应促进这些学科之间的交叉融合，形成综合性和创新性强的课程体系。同时，鼓励教师开展跨学科研究，将最新的科研成果和技术应用引入教学，提升教学质量和效果。

（二）深化教学改革与创新

教学改革与创新是推动单片机教学持续发展的关键。需要不断探索和实践新的教学方法和手段，以适应技术发展和人才培养的需求。例如，可以引入翻转课堂、在线教学等新型教学模式，激发学生的学习兴趣和主动性；同时，可以加强实践教学环节，提高学生的实践能力和创新能力。

在深化教学改革与创新的过程中，应注重学生的个性化发展。每个学生都有自己的特点和兴趣，应尊重学生的个性差异，提供多样化的学习路径和发展空间。通过个性化教学、导师制等方式，满足学生的不同需求和发展潜力，培养出更多具有创新精神和实践能力的高素质人才。

（三）加强产学研合作与人才培养

产学研合作是推动单片机教学持续发展的重要途径。通过与产业界的合作，了解市场需求和技术趋势，将产业界的实际需求和问题引入教学，提升教学的针对性和实用性。同时，通过产学研合作，可以为学生提供更多的实践机会和职业发展路径，培养学生的实践能力和职业素养。

在加强产学研合作与人才培养的过程中，应注重与企业的紧密合作。企业是技术创新的主体，与企业的合作可以为学生提供更多的实践机会和创新空间。通过校企合作、实习实训等方式，让学生参与到企业的实际项目中来，了解企业的实际需求和技术动态，培养学生的实践能力和创新精神。

（四）建立持续发展的保障机制

建立持续发展的保障机制是推动单片机教学持续发展的重要保障。需要建立完善的教学管理制度和评估体系，确保教学的规范性和有效性。同时，需要加强教学资源的建设和管理，提供充足的教学设备和场地支持。此外，还需要建立教师激励机制和评价体系，激发教师的工作积极性和创造力。

在建立持续发展的保障机制的过程中，应注重信息化建设和技术应用。利用信息技术手段提升教学管理的效率和水平，如建立在线教学平台、教学资源库等，为师生提供便捷的教学和学习环境。同时，还可以利用大数据、人工智能等技术手段对教学过程和结果进行数据分析和挖掘，为教学提供更为精准和有效的指导。

第三章　基于物联网的单片机教学创新理念与策略

第一节　创新教学的理念与原则

一、以学生为中心的教学理念

在物联网时代背景下，单片机教学需要与时俱进，增强以学生为中心的教学理念。这种理念强调学生在学习过程中的主体地位，教师则扮演引导者和支持者的角色。

（一）关注学生需求与兴趣

以学生为中心的教学理念首先要求关注学生的需求和兴趣。在单片机教学中，教师应了解学生的学习背景、兴趣爱好以及未来的职业规划，以便更好地设计教学内容和教学方法。通过引入与学生兴趣相关的案例和项目，激发学生的学习兴趣和动力，提高学习效果。同时，教师还应关注学生的反馈和意见，及时调整教学策略，以满足学生的个性化需求。

（二）培养学生的自主学习能力

以学生为中心的教学理念强调培养学生的自主学习能力。在单片机教学中，教师应注重培养学生的独立思考和解决问题的能力。通过引导学生自主探究、合作学习等方式，让学生在实践中学习和掌握单片机技术。同时，教师还应提供丰富的学习资源和支持，如在线课程、学习平台等，帮助学生更好地进行自主学习。

（三）强化学生的实践操作能力

单片机教学是一门实践性很强的课程，因此以学生为中心的教学理念需要强化学生的实践操作能力。在教学中，教师应注重实践教学环节的设计和实施，为学生提供充足的实践机会。通过实验操作、项目实践等方式，让学生在实践中学习和掌握单片机技术，提高实践能力和创新精神。同时，教师还应关注学生的实践成果和反馈，及时给予指导和帮助。

（四）促进学生的全面发展

以学生为中心的教学理念还强调促进学生的全面发展。在单片机教学中，教师不仅要关注学生的知识和技能掌握情况，还要注重培养学生的综合素质和创新能力。通过组织丰富多彩的课外活动、参与学科竞赛等方式，培养学生的团队协作精神、沟通能力和创新能力。同时，教师还应关注学生的心理健康和职业素养培养，为学生的全面发展提供有力支持。

这种教学理念有助于激发学生的学习兴趣和动力，提高学习效果和创新能力，为培养高素质人才提供有力保障。在实际教学中，教师应积极践行这一理念，不断探索和实践新的教学方法和手段，以适应物联网时代对单片机教学的要求。

二、理论与实践相结合的教学原则

在单片机教学中，理论与实践相结合的教学原则至关重要。这一原则强调理论知识与实际操作技能的紧密结合，旨在培养学生的综合应用能力和解决实际问题的能力。

（一）理论知识的系统性与深度

理论与实践相结合的教学原则首先要求理论知识的系统性与深度。在单片机教学中，理论知识是学生学习的基础，只有掌握了扎实的理论知识，学生才能在实践中更好地运用和发挥。因此，教师需要精心设计和组织教学内容，确保理论知识的系统性和完整性，使学生能够全面了解单片机的原理、结构、编程和应用等方面的知识。同时，教师还应注重理论知识的深度，引导学生深入探究单片机技术的内在规律和特点，培养学生的创新思维和批判性思维。

在教授理论知识的过程中，教师还应注重与学生的互动和交流，采用启发式、讨论式等教学方法，激发学生的学习兴趣和主动性。通过案例分析、问题探讨等方式，引导学生将理论知识与实际问题相结合，培养学生的分析和解决问题的能力。

（二）实践操作的规范性与创新性

理论与实践相结合的教学原则还强调实践操作的规范性与创新性。在单片机教学中，实践操作是学生将理论知识应用于实际的重要环节。因此，教师需要注重实践操作的规范性，确保学生按照正确的操作方法和流程进行实验和实践。同时，教师还应鼓励学生进行创新实践，尝试使用不同的方法和技术来解决问题，培养学生的创新思维和实践能力。

在实践操作中，教师可以设计一些具有挑战性的项目或任务，让学生自行设计和实现。这样不仅可以提高学生的实践能力，还可以培养学生的团队协作精神和沟通能力。同时，教师还应提供必要的指导和支持，帮助学生解决实践过程中遇到的问题和困难。

（三）理论与实践的紧密衔接

理论与实践相结合的教学原则要求理论与实践的紧密衔接。在教学过程中，教师应注重将理论知识与实践操作相结合，让学生在实践中巩固和深化理论知识。例如，在教授单片机编程时，教师可以先讲解编程语言和算法的原理和规则，然后让学生通过编写实际程序来应用这些理论知识。这样不仅可以使学生更好地理解和掌握理论知识，还可以提高学生的编程能力和实践技能。

同时，教师还应注重实践操作的反馈和评估。通过检查学生的实验报告、程序代码等成果，教师可以了解学生在实践中的表现和问题，并及时给予指导和帮助。此外，教师还可以组织学生进行交流和分享，让学生互相学习和借鉴彼此的经验和成果。

（四）教学与应用的紧密结合

理论与实践相结合的教学原则还强调教学与应用的紧密结合。在单片机教学中，教师应注重将教学内容与实际应用相结合，让学生了解单片机技术在各个领域的应用情况和前景。通过介绍相关行业的发展动态和技术趋势，激发学生的学习兴趣和热情。同时，教师还应引导学生将所学知识应用于实际问题，培养学生的应用能力和创新精神。

为了实现教学与应用的紧密结合，教师可以与相关企业合作开展校企合作项目或实习实训等活动。通过参与实际项目的开发和实施，学生可以更深入地了解单片机技术的应用情况和挑战，并积累宝贵的实践经验。这样不仅可以提高学生的综合素质和就业竞争力，还可以为企业的技术创新和产业升级提供有力支持。

三、注重创新能力培养的教学导向

在单片机教学中，注重创新能力培养的教学导向对于培养学生的综合素质和适应未来社会发展的需求具有重要意义。

（一）创新教学内容与教学方法

为了培养学生的创新能力，首先需要在教学内容和教学方法上进行创新。教学内容应该与时俱进，紧密结合单片机技术的最新发展和应用需求，引入前沿的、具有挑战性的教学案例和项目。教学方法上，应打破传统的讲授式教学，采用启发式、探究式、项目式等多元化的教学方法，鼓励学生主动思考、自主探索和团队协作。

在创新教学内容方面，可以引入与物联网、人工智能等前沿技术相结合的单片机应用案例，让学生在学习过程中了解到单片机技术的广泛应用和未来发展趋势。同时，可以设计一些具有开放性和创新性的实验项目，让学生在实践中发挥想象力和创造力，解决实际问题。

在创新教学方法方面，可以采用翻转课堂、在线课程等新型教学模式，让学生在课前自主学习理论知识，课堂上则通过讨论、实践等方式深化理解和应用。此外，还可以引入竞赛机制，鼓励学生参加各类单片机设计竞赛和科技创新活动，激发学生的创新热情和实践能力。

（二）培养学生的创新思维与批判性思维

创新能力的培养需要培养学生的创新思维和批判性思维。在单片机教学中，教师应该注重引导学生从多角度、多层面思考问题，鼓励学生提出新的想法和解决方案。同时，要培养学生的批判性思维，让学生能够独立思考、分析问题并给出合理的评价。

教师可以通过设置一些具有争议性和挑战性的问题或项目，引导学生进行讨论和辩论。在讨论过程中，教师应该鼓励学生发表自己的观点和看法，同时也要尊重他人的意见和观点。通过这种方式，可以培养学生的开放性和包容性，提高他们的创新思维和批判性思维能力。

（三）提供丰富的创新实践机会

创新能力的培养需要丰富的创新实践机会。在单片机教学中，教师应该为学生提供充足的实践机会，让他们在实践中锻炼和提高自己的创新能力。可以通过组织实验室开放、科技创新项目、学科竞赛等活动，为学生提供实践平台和创新空间。

此外，教师还可以与企业合作开展校企合作项目或实习实训等活动，让学生参与到企业的实际项目中来，了解企业的实际需求和技术动态。这样不仅可以为学生提供更多的实践机会和创新空间，还可以培养学生的团队协作精神和沟通能力，提高他们的综合素质和就业竞争力。

（四）建立创新评价体系与激励机制

创新能力的培养需要建立创新评价体系与激励机制。在单片机教学中，应该注重对学生的创新能力进行评价和激励，以激发学生的创新热情和实践动力。

在评价方面，可以采用多元化的评价方式，包括学生自评、互评、教师评价等。同时，要注重对学生实践成果和创新能力的评价，鼓励学生提出新的想法和解决方案，并给予相应的加分或奖励。

在激励方面，可以设立创新奖学金、创新项目资助等激励机制，对在创新实践中表现突出的学生进行表彰和奖励。此外，还可以组织学生参加各类科技创新竞赛和展示活动，为学生提供展示自己创新成果的平台和机会。

四、跨学科交叉融合的教学思维

在单片机教学中，跨学科交叉融合的教学思维对于培养学生的综合素质、拓宽知识视野以及提升解决实际问题的能力具有重要意义。

（一）认识跨学科交叉融合的重要性

在当前的科技发展趋势下，各个学科之间的界限日益模糊，跨学科交叉融合成为推动科技进步和创新的重要动力。单片机教学作为信息技术领域的重要组成部分，也需要与其他学科进行交叉融合，以适应社会对复合型人才的需求。因此，教师需要认识到跨学科交叉融合的重要性，并将其贯穿于单片机教学的全过程。

在认识跨学科交叉融合的重要性方面，教师需要关注当前科技发展的最新动态和趋势，了解其他学科与单片机技术的关联性和互补性。同时，教师还需要不断学习和掌握其他学科的知识和技能，提高自己的跨学科素养和综合能力。只有这样，教师才能更好地引导学生将单片机技术与其他学科进行交叉融合，培养学生的综合素质和创新能力。

（二）构建跨学科交叉融合的教学体系

为了实现跨学科交叉融合的教学思维，需要构建跨学科交叉融合的教学体系。这个体系应该包括教学内容、教学方法、教学手段等多个方面，以确保单片机教学与其他学科的有机结合。

在教学内容方面，可以引入与单片机技术相关的其他学科内容，如物理学、电子工程、计算机科学等。通过将这些学科的内容与单片机技术相结合，可以让学生更好地理解和应用单片机技术，同时拓宽他们的知识视野。

在教学方法方面，可以采用跨学科合作的教学模式，邀请其他学科的教师共同参与单片机教学。通过跨学科合作教学，可以让学生接触到不同学科的教学方法和思维方式，培养他们的跨学科思维和创新能力。

在教学手段方面，可以利用现代化的教学手段和技术，如多媒体教学、在线课程等，为学生提供更加丰富多样的学习资源和学习体验。同时，可以利用虚拟仿真技术、实验室等实践平台，让学生在实际操作中学习和掌握单片机技术，提高他们的实践能力和创新精神。

（三）推动跨学科交叉融合的实践应用

跨学科交叉融合的教学思维不能停留在理论层面，而是要将其付诸实践。在单片机教学中，可以通过推动跨学科交叉融合的实践应用来培养学生的综合素质和创新能力。

具体而言，可以组织跨学科的项目实践或课程设计等活动，让学生将单片机技术与其他学科进行交叉融合，解决实际问题。通过实践应用，学生可以更加深入地理解单片机技术与其他学科的关联性和互补性，培养他们的创新思维和解决问题的能力。同时，实践应用还可以让学生将所学知识应用于实际问题，提高他们的实践能力和就业竞争力。

（四）培养学生的跨学科素养和综合能力

跨学科交叉融合的教学思维最终目的是培养学生的跨学科素养和综合能力。在单片机教学中，可以通过多种方式来培养学生的跨学科素养和综合能力。

（1）可以鼓励学生参加跨学科的学习和交流活动，如学术讲座、研讨会等。通过参加这些活动，学生可以接触到不同学科的知识和思维方式，拓宽自己的知识视野和思维方式。

（2）可以引导学生参与跨学科的项目实践或课程设计等活动。通过参与这些活动，学生可以将单片机技术与其他学科进行交叉融合，解决实际问题。在实践过程中，学生可以锻炼自己的跨学科思维和创新能力，提高自己的综合素质和综合能力。

（3）可以加强与其他学科的合作与交流，共同开展教学和研究活动。通过合作与交流，可以互相借鉴和学习其他学科的优点和特色，共同推动单片机教学的创新和发展。同时，合作与交流还可以为学生提供更多的学习机会和资源，帮助他们更好地实现跨学科交叉融合的学习目标。

第二节　引入物联网技术的教学策略

一、物联网技术在单片机教学中的融合路径

在单片机教学中引入物联网技术，不仅可以提升课程的先进性和实用性，还能为学生打开一个新的视野，使他们更好地理解单片机在现代信息技术中的应用。

（一）课程设计理念的更新

为了将物联网技术融入单片机教学，需要更新课程设计理念。传统的单片机教学往往侧重于基础知识和基本技能的传授，而忽视了与现代信息技术的结合。在引入物联网技术后，需要将单片机作为物联网系统中的一个重要组成部分来进行教学设计，让学生明白单片机在物联网系统中的作用和地位。同时，还需要关注物联网技术的发展趋势和应用前景，将最新的技术成果和案例引入课堂，激发学生的学习兴趣和动力。

在更新课程设计理念的过程中，需要注重培养学生的实践能力和创新精神。通过设计一些与物联网技术相关的实践项目或实验，让学生亲自动手操作和实践，提高他们的实践能力和解决问题的能力。同时，还需要鼓励学生进行创新思维和创意设计，让他们尝试将单片机技术与物联网技术相结合，设计出具有创新性和实用性的作品。

（二）教学内容的优化

为了将物联网技术融入单片机教学，需要对教学内容进行优化。在教学内容的选择上，需要增加与物联网技术相关的知识点和案例，如传感器技术、无线通信技术、云计算技术等。同时，还需要将单片机技术与这些知识点进行有机结合，形成一个完整的教学体系。在教学内容的组织上，需要注重知识的连贯性和系统性，让学生在学习过程中能够形成完整的知识结构。

在优化教学内容的过程中，还需要注重理论与实践的结合。通过设计一些与物联网技术相关的实验或项目，让学生将所学知识应用到实践中去，提高他们的实践能力和创新能力。同时，还需要关注学生的学习反馈和教学效果评估，根据反馈和评估结果对教学内容进行调整和优化。

（三）教学方法的创新

为了将物联网技术融入单片机教学，需要创新教学方法。传统的单片机教学方法往往采用讲授式或实验式的教学方法，这些方法虽然能够传授知识但缺乏互动性和趣味性。在引入物联网技术后，可以采用更加灵活多样的教学方法来激发学生的学习兴趣和动力。

例如，可以采用项目式教学方法，让学生以小组合作的形式完成一个与物联网技术相关的项目。在项目过程中，学生需要自主设计、自主实现、自主测试并自主优化自己的作品。这种方法不仅可以提高学生的实践能力和创新能力还可以培养他们的团队协作精神和沟通能力。另外还可以采用案例教学方法让学生通过分析真实的物联网应用案例来了解单片机在物联网系统中的应用和作用。

（四）教学资源的整合

为了将物联网技术融入单片机教学，需要整合教学资源。教学资源包括教材、实验设备、网络资源等多个方面。在教材方面，需要选择与物联网技术紧密结合的单片机教材作为主教材，同时辅以其他相关教材作为参考。在实验设备方面，需要购买一些与物联网技术相关的实验设备，如传感器模块、无线通信模块等，供学生进行实验和实践操作。在网络资源方面，需要充分利用互联网资源为学生提供丰富的学习资料和参考案例，帮助他们更好地理解和应用单片机技术和物联网技术。同时，还需要加强与其他学校和企业的合作与交流，共同开发和利用教学资源，提高单片机教学的质量和水平。

二、基于物联网的实验教学案例设计

在单片机教学中，通过引入基于物联网的实验教学案例，可以有效地提升学生的学习兴趣和动手能力，使他们更好地理解物联网技术的实际应用。

（一）案例选择与教学目标明确

在设计基于物联网的实验教学案例时，首先需要明确教学目标，并选择与教学目标紧密相关的案例。案例的选择应考虑到学生的知识背景和实验条件，确保案例既具有代表性又易于实现。例如，可以选择智能家居系统作为实验案例，通过搭建一个简易的智能家居模型，让学生理解单片机在物联网系统中的作用和地位。

在明确教学目标方面，需要具体阐述通过实验案例要达到的教学目的，如让学生掌握物联网的基本概念和原理、熟悉单片机在物联网系统中的应用、提高动手能力和创新思维等。同时，还需要根据教学目标制订详细的实验计划和教学流程，确保实验案例的顺利实施。

（二）实验方案设计与实现

实验方案的设计是实验教学案例设计的核心环节。在设计实验方案时，需要充分考虑实验条件和实验要求，确保实验方案既具有可行性又具有一定的挑战性。例如，在智能家居系统实验案例中，可以设计以下几个实验步骤：首先，搭建智能家居硬件平台，包括单片机、传感器、执行器等；其次，编写单片机程序，实现传感器数据的采集和处理、执行器的控制等功能；最后，通过无线网络将单片机与智能手机或电脑连接，实现远程控制和监控功能。

在实现实验方案时，需要注重实验过程的规范性和安全性。教师需要提供详细的实验指导和操作说明，确保学生能够按照实验方案进行实验操作。同时，教师还需要在实验过程中关注学生的操作情况，及时纠正错误并给予指导。

（三）实验过程监控与评估

在实验过程中，教师需要对学生的实验过程进行监控和评估。

在监控方面，教师可以通过观察学生的实验操作、检查实验数据等方式进行。在评估方面，教师可以采用多种评估方式相结合的方法，如实验报告、实验成果展示、口头答辩等。通过评估，教师可以了解学生对物联网技术的掌握情况、实验操作能力、创新思维等方面的表现，从而对学生的学习情况进行全面评价。

（四）实验总结与反思

实验结束后，教师需要组织学生进行实验总结和反思。总结可以帮助学生回顾实验过程、梳理实验知识点和实验技能；反思则可以帮助学生发现自己的不足和需要改进的地方。

在总结方面，教师可以引导学生对实验过程进行回顾和总结，梳理实验中的关键问题和解决方法。在反思方面，教师可以鼓励学生进行自我反思和小组讨论，发现自己的不足和需要改进的地方，并提出改进措施和建议。通过总结和反思，学生可以加深对物联网技术的理解和应用，提高学习效果和实践能力。

通过精心设计和实施的实验教学案例，可以有效地提升学生的学习兴趣和实践能力，促进学生对物联网技术的深入理解和掌握。

三、物联网技术驱动下的教学模式创新

随着物联网技术的快速发展，其对传统教学模式产生了深远的影响，推动了教学模式的创新。

（一）教学环境的智能化升级

物联网技术使得教学环境得以智能化升级，为教学活动提供了更为丰富和高效的支持。通过在教学环境中部署传感器、智能设备等物联网设备，可以实时收集和分析学生的学习数据、行为数据等，为教师提供更为精准的教学反馈和决策依据。例如，在智能教室中，教师可以通过智能教学系统实时查看学生的学习状态、参与度等信息，从而及时调整教学策略，提高教学效果。

此外，物联网技术还可以实现教学资源的智能化管理。通过物联网设备对教学设备、实验器材等进行实时监控和管理，可以确保教学资源的充分利用和高效管理。同时，物联网技术还可以实现教学资源的远程访问和共享，打破传统教学模式中的时间和空间限制，为学生提供更为便捷和高效的学习体验。

（二）个性化教学的实现

物联网技术使得个性化教学成为可能。通过收集和分析学生的学习数据、行为数据等，教师可以深入了解学生的学习特点和需求，从而为学生提供更加个性化的教学方案。例如，教师可以根据学生的学习能力和兴趣爱好，为其推荐合适的学习资源和课程内容；同时，教师还可以通过智能教学系统为学生提供个性化的学习路径和学习建议，帮助学生更好地实现学习目标。

个性化教学的实现不仅可以提高学生的学习效果和学习兴趣，还可以培养学生的自主学习能力和创新精神。在物联网技术的支持下，学生可以更加自主地选择学习内容和学习方式，从而更加积极地参与到教学活动中来。

（三）协作式学习的推广

物联网技术还可以推动协作式学习的推广。通过物联网设备实现学生之间的实时交流和协作，可以打破传统教学模式中的时间和空间限制，使得学生可以随时随地地参与到协作学习中来。例如，教师可以利用物联网技术搭建一个在线协作平台，让学生在平台上共同完成任务、分享学习成果、交流学习心得等。

协作式学习的推广不仅可以提高学生的团队协作能力和沟通能力，还可以培养学生的创新思维和解决问题的能力。在物联网技术的支持下，学生可以更加便捷地与他人进行交流和协作，从而更加深入地理解和掌握知识。

（四）教学评价体系的重构

物联网技术还可以推动教学评价体系的重构。传统的教学评价体系往往侧重于对学生的知识和技能的考核，而忽视了对学生学习过程、学习态度等方面的评价。而物联网技术可以实时收集和分析学生的学习数据和行为数据，为教师提供更为全面和准确的评价依据。

在物联网技术的支持下，教学评价体系可以更加注重对学生学习过程和学习态度的评价。例如，教师可以通过智能教学系统收集学生的学习参与度、互动情况等数据，从而更加全面地评价学生的学习表现。同时，物联网技术还可以实现对学生学习成果的实时反馈和评估，帮助学生及时发现问题并进行改进。

四、物联网技术在课外拓展中的应用

物联网技术不局限于课堂教学，其在课外拓展中也发挥着重要的作用。

（一）课外实践项目的丰富化

物联网技术为课外实践项目提供了更多的可能性，使得实践项目更加丰富多样。学生可以利用物联网技术设计并实现各种创新性的实践项目，如智能家居系统、智能农业系统、环境监测系统等。这些项目不仅能够帮助学生将课堂上学到的理论知识应用到实际中，还能够培养学生的创新思维和实践能力。

在课外实践项目中，学生需要自行组队、确定项目主题、制订项目计划、分工合作完成项目。这一过程中，学生需要综合运用物联网技术、单片机技术、传感器技术、无线通信技术等知识，通过实际操作和调试，最终完成项目的实现。这样的实践项目不仅能够锻炼学生的技术能力和团队协作能力，还能够培养学生的创新精神和解决问题的能力。

（二）学生自主学习与探索的促进

物联网技术的应用也促进了学生的自主学习与探索。学生可以通过物联网技术获取各种学习资源，如在线课程、教学视频、实验指导等，从而更加便捷地进行自主学习。同时，学生还可以利用物联网技术开展自主学习实验，通过实际操作和实验验证课堂上学到的理论知识。

在自主学习与探索的过程中，学生需要具备一定的自主学习能力和信息处理能力。他们需要能够自主获取学习资源、分析学习资料、制订学习计划、安排学习时间等。物联网技术的应用为学生提供了更加便捷和高效的学习手段，使得他们能够更加自主地进行学习和探索。

（三）学生创新能力的培养

物联网技术在课外拓展中的应用还有助于培养学生的创新能力。通过参与基于物联网技术的创新实践项目，学生可以接触到更多的新技术和新应用，从而激发他们的创新灵感和创造力。同时，物联网技术的应用也为学生提供了更多的创新机会和挑战，使得他们能够在实践中不断尝试新的想法和方法。

在创新能力的培养过程中，教师需要注重激发学生的创新精神和创新思维。他们可以通过设计具有挑战性的实践项目、提供丰富的创新资源、营造宽松的创新氛围等方式来激发学生的创新潜力。同时，教师还需要注重培养学生的创新思维方法，如逆向思维、发散思维、联想思维等，帮助他们更好地进行创新思维和创新实践。

（四）学生综合素质的提升

物联网技术在课外拓展中的应用还有助于提升学生的综合素质。通过参与基于物联网技术的实践项目和创新活动，学生可以锻炼自己的团队协作能力、沟通能力、解决问题的能力等综合素质。同时，物联网技术的应用还能够帮助学生了解现代社会的科技发展趋势和前沿技术动态，增强他们的科技素养和综合素质。

在综合素质的提升过程中，学生需要注重自身能力的提升和全面发展。他们需要积极参与各种实践项目和创新活动，不断挑战自我、超越自我。同时，学生还需要注重自身品德修养和社会责任感的提升，积极参与社会公益活动和社会实践活动，为社会作出自己的贡献。

第三节　跨学科融合的教学方法

一、计算机科学与技术的交叉融合

在计算机科学与技术的教育领域，跨学科融合的教学方法已成为推动学科发展和培养创新人才的重要途径。

（一）融合理念的引入与确立

在计算机科学与技术的教学中，首先需要引入并确立跨学科融合的理念。这意味着要打破传统学科的界限，将计算机科学与技术与其他学科如数学、物理、生物、经济等进行有机融合。这种融合不仅体现在课程内容的设置上，更体现在教学方法和教学手段的创新上。通过引入跨学科融合的理念，可以帮助学生建立更为全面和系统的知识体系，培养他们的综合能力和创新思维。

在具体实践中，教师可以通过设置跨学科的综合性课程或项目，引导学生将计算机科学与技术与其他学科的知识进行融合应用。例如，在开发一个智能医疗系统时，学生需要综合运用计算机科学、医学、生物学等多个学科的知识。这样的项目不仅能够帮助学生巩固计算机科学与技术的专业知识，还能够拓宽他们的视野和知识面。

（二）课程内容的整合与优化

在跨学科融合的教学方法中，课程内容的整合与优化是关键环节。为了实现计算机科学与技术的跨学科融合，需要对传统课程内容进行重新审视和调整，加入更多与其他学科相关的知识点和案例。同时，还需要注重课程内容的实用性和前沿性，确保学生能够掌握最新的技术和应用。

在整合与优化课程内容时，教师可以采用模块化、项目化等教学方式。将不同学科的知识点按照一定的逻辑关系进行组合，形成若干个相对独立的模块或项目。每个模块或项目都包含了一定的跨学科知识点和实际应用场景，学生可以通过完成这些模块或项目来掌握相关知识和技能。

（三）教学方法的创新与实践

跨学科融合的教学方法需要不断创新和实践。为了更好地实现计算机科学与技术的跨学科融合，教师可以采用多种教学方法和手段，如案例教学、项目驱动、翻转课堂等。这些教学方法可以帮助学生更好地理解和应用跨学科知识，提高他们的学习兴趣和积极性。

在创新与实践教学方法时，教师需要注重学生的主体性和参与性。通过设计各种具有挑战性和实用性的学习任务和活动，激发学生的学习兴趣和创造力。同时，教师还需要注重与学生的互动和交流，及时了解学生的学习情况和需求，为他们提供有针对性的指导和帮助。

（四）师资队伍的建设与培训

实现计算机科学与技术的跨学科融合离不开高素质的教师队伍。为了培养具有跨学科知识和能力的教师，需要加强师资队伍的建设和培训。首先，可以通过引进具有跨学科背景和经验的教师来充实教师队伍；其次，可以组织教师参加各种跨学科培训和交流活动，提高他们的跨学科素养和教学能力；最后，可以鼓励教师开展跨学科研究和合作，推动学科交叉融合的发展。

在师资队伍建设与培训中，还需要注重教师的激励机制和评价体系。通过制定合理的激励政策和评价标准，激发教师的工作热情和创新能力。同时，还需要建立完善的评价体系和反馈机制，及时了解教师的教学效果和学生的反馈意见，为教师的改进和发展提供有力支持。

二、电子工程与物联网的协同教学

随着物联网技术的迅猛发展，电子工程与物联网之间的协同教学已成为教育领域的重要趋势。

（一）协同教学理念的融合与实践

电子工程与物联网的协同教学，需要确立并融合协同教学的理念。这一理念强调不同学科之间的交叉融合与相互渗透，通过整合电子工程与物联网的知识体系，实现教学内容、方法和手段的协同优化。在协同教学实践中，应注重培养学生的跨学科思维和综合创新能力，帮助他们掌握电子工程与物联网的核心知识和技能。

在融合协同教学理念时，可以通过以下几个方面进行实践：一是构建跨学科课程体系，将电子工程与物联网的课程内容相互融合，形成连贯、系统的知识体系；二是开展跨学科教学项目，通过实际项目的设计与实施，促进学生跨学科知识的应用与实践；三是组织跨学科研讨和交流活动，为学生提供展示和分享研究成果的平台，激发他们的创新思维和创造力。

（二）教学内容的整合与优化

电子工程与物联网的协同教学，需要整合与优化教学内容。在教学内容的选择上，应注重电子工程与物联网的交叉点，选取具有代表性和实用性的知识点进行重点讲解。同时，还应关注行业发展趋势和前沿技术动态，及时更新教学内容，确保学生掌握最新的知识和技能。

在教学内容的整合与优化过程中，可以采取以下措施：一是构建模块化课程体系，将电子工程与物联网的教学内容划分为若干个相对独立的模块，每个模块包含一定的知识点和技能要求；二是采用项目驱动的教学方法，将知识点与实际问题相结合，引导学生通过实践项目掌握知识和技能；三是注重实践教学的环节，为学生提供丰富的实验条件和项目机会，让他们在实践中学习和成长。

（三）教学方法的创新与探索

电子工程与物联网的协同教学，需要创新教学方法和手段。在传统的教学方法中，教师往往注重理论知识的传授，而忽视了学生的实践能力和创新思维的培养。在协同教学中，应注重启发式、探究式、讨论式等教学方法的应用，激发学生的学习兴趣和积极性。

在教学方法的创新与探索中，可以采取以下措施：一是引入案例教学，通过实际案例的分析和讨论，帮助学生理解电子工程与物联网的应用场景和解决方案；二是开展团队合作学习，通过小组分工、协作和讨论等方式，培养学生的团队合作和沟通能力；三是运用现代教育技术手段，如多媒体、在线课程、虚拟实验等，提高教学效果和学生的学习体验。

（四）师资队伍的建设与培养

电子工程与物联网的协同教学，离不开高素质的教师队伍。为了提升协同教学的效果和质量，需要加强师资队伍的建设和培养。首先，应引进具有跨学科背景和经验的教师，充实教师队伍；其次，应加强对现有教师的培训和进修，提高他们的跨学科素养和教学能力；最后，应鼓励教师开展跨学科研究和合作，推动电子工程与物联网领域的学术交流和合作。

在师资队伍的建设与培养中，可以采取以下措施：一是制订教师引进计划，明确引进条件和待遇，吸引优秀人才加入；二是建立教师培训和进修制度，定期组织教师参加各种培训和学术活动；三是加强教师之间的交流和合作，建立跨学科研究团队和合作机制。

三、项目驱动下的跨学科团队合作

在现代教育体系中，跨学科团队合作和项目驱动的教学方式正日益受到重视。项目驱动下的跨学科团队合作不仅能促进学生的综合素质提升，还能培养他们解决复杂问题的能力和团队协作能力。

（一）项目选择与跨学科团队组建

项目驱动下的跨学科团队合作首先涉及项目的选择和团队的组建。项目的选择应具有一定的挑战性、实用性和跨学科性，能够激发学生的兴趣和探索欲望。同时，项目的选择还应考虑学生的知识背景和技能水平，确保他们能够在实际操作中学习和成长。

在团队组建方面，应注重学生的多元性和互补性。跨学科团队成员应来自不同的学科背景，拥有不同的知识和技能，以便在项目中发挥各自的优势，共同解决问题。此外，团队成员之间的性格和沟通方式也应考虑在内，以确保团队内部的和谐与协作。

（二）项目规划与任务分配

项目驱动下的跨学科团队合作需要制定详细的项目规划和任务分配。项目规划包括项目目标、实施步骤、时间节点等要素，以确保项目的顺利进行。任务分配则应根据团队成员的特长和兴趣，将项目分解为若干个子任务，分配给每个团队成员负责完成。

在任务分配过程中，应注重任务的均衡性和挑战性。每个团队成员都应承担一定的责任和任务，以确保项目的整体进度和质量。同时，任务也应具有一定的挑战性，能够激发团队成员的积极性和创造力。

（三）团队协作与问题解决

项目驱动下的跨学科团队合作强调团队协作和问题解决能力。在项目实施过程中，团队成员需要密切合作，共同面对和解决各种问题和挑战。这要求团队成员具备良好的沟通能力和协作精神，能够相互理解、支持和配合。

在团队协作和问题解决过程中，可以运用多种方法和工具。例如，可以利用在线协作平台进行实时沟通和交流；可以组织定期的团队会议，讨论项目进展和存在的问题；可以邀请相关领域的专家进行指导和帮助。此外，团队成员还可以共同学习和探索新的知识和技能，以提高整个团队的综合素质和能力。

（四）项目成果展示与经验总结

项目驱动下的跨学科团队合作需要重视项目成果的展示和经验总结。项目成果是团队成员共同努力的结晶，也是他们学习和成长的见证。通过展示项目成果，可以让团队成员感受到自己的付出和收获，增强他们的自信心和成就感。

在项目成果展示后，还需要进行经验总结。经验总结包括对项目实施过程中遇到的问题、解决方法和经验教训的总结和分析。通过经验总结，可以让团队成员更好地了解自己在项目中的表现和不足，为今后的学习和工作提供有益的参考和借鉴。

此外，经验总结还可以促进团队成员之间的交流和分享。团队成员可以分享自己在项目中的经验和体会，相互学习和借鉴。这种交流和分享不仅可以促进团队成员之间的友谊和信任，还可以提高整个团队的综合素质和能力。

第四节 实践教学体系的构建

一、实验课程的设置与安排

在物联网单片机教学中，实践教学体系的构建至关重要，它直接关系到学生能否深入理解理论知识并将其应用于实际项目。实验课程的设置与安排作为实践教学体系的核心，需要综合考虑多个方面，以确保学生能够获得全面而深入的实践锻炼。

（一）实验课程目标的明确与细化

在设置实验课程时，首先要明确实验课程的教学目标。物联网单片机实验课程的目标应涵盖对单片机基本原理的理解、物联网技术的应用以及实际项目的开发能力等方面。为了确保目标的达成，需要将目标细化到每一节实验课，明确每次实验的具体要求和目标。这样不仅可以帮助学生明确学习方向，还能促进教师有针对性地开展实验教学。

此外，实验目标的设定还应结合行业需求和技术发展趋势，确保学生所学的知识和技能具有实际应用价值。通过关注行业前沿技术和市场需求，教师可以及时调整实验教学内容和方式，使实验课程更加贴近实际。

（二）实验内容的筛选与优化

实验内容是实验课程的核心组成部分，其质量直接影响到学生的学习效果。

在筛选和优化实验内容时，需要遵循以下几个原则：

（1）紧扣教学目标。实验内容应与教学目标紧密相关，能够帮助学生深入理解单片机和物联网技术的基本原理和应用方法。

（2）循序渐进。实验内容应从基础到复杂、从简单到综合逐步推进，确保学生能够在逐步深入学习中掌握相关知识和技能。

（3）实用性和前沿性。实验内容应具有一定的实用性和前沿性，能够反映当前物联网技术的发展趋势和应用需求。

（4）多样性和创新性。实验内容应具有多样性和创新性，能够激发学生的学习兴趣和创造力。教师可以设计一些创新性的实验项目，如基于物联网技术的智能家居系统、环境监测系统等，让学生在实际操作中体验物联网技术的魅力。

（三）实验教学方法的创新与改进

实验教学方法是实验课程的重要组成部分，它直接影响到学生的学习效果和实践能力。在物联网单片机实验教学中，可以采用以下几种创新和改进的教学方法：

（1）启发式教学。通过提出问题、引导学生思考的方式，激发学生的学习兴趣和求知欲。在实验过程中，教师可以设置一些具有挑战性的问题，让学生自主思考和解决。

（2）项目驱动式教学。以实际项目为背景，让学生在完成项目的过程中掌握相关知识和技能。项目驱动式教学可以使学生更加深入地了解物联网技术的实际应用场景和需求。

（3）小组合作学习。将学生分成若干小组，让他们共同完成实验任务。小组合作学习可以培养学生的团队合作能力和沟通能力，同时也能让他们在互相学习和帮助中共同进步。

（四）实验考核与评估体系的建立与完善

实验考核与评估体系是实验课程的重要组成部分，它能够客观地反映学生的学习效果和实践能力。在物联网单片机实验教学中，需要建立完善的实验考核与评估体系，包括以下几个方面：

（1）实验过程考核。通过实验过程中的表现、实验报告的质量等方面来评估学生的学习态度和实验能力。

（2）实验成果考核。通过实验成果的质量、创新性等方面来评估学生的实践能力和创新能力。

（3）综合素质考核。通过学生的团队协作、沟通能力等方面来评估学生的综合素质。

建立完善的实验考核与评估体系，不仅可以客观地反映学生的学习效果和实践能力，还能为教师提供有针对性的教学反馈和改进方向。

二、实践项目的选择与指导

在物联网单片机教学中，实践项目的选择与指导是实践教学体系的重要组成部分。一个合适的实践项目不仅能够帮助学生巩固理论知识，还能培养他们的实际操作能力和解决问题的能力。

（一）项目选题的考量与确定

在选择实践项目时，需要考虑项目的选题。选题应基于教学目标、学生能力、实际应用价值和行业发展趋势等多个维度进行考量。具体来说，选题应：

（1）与教学目标紧密结合。确保项目能够覆盖物联网单片机教学的核心知识点，使学生能够通过项目实践深入理解理论知识。

（2）符合学生能力水平。选题难度应适中，既能激发学生的挑战欲，又不会因难度过高而打击他们的积极性。同时，项目应具有一定的可操作性，使学生能够在有限的时间内完成。

（3）具有实际应用价值。选题应具有一定的实际应用价值，能够反映物联网技术的实际应用场景和需求。这样不仅能激发学生的学习兴趣，还能使他们在实践中体验到物联网技术的价值。

（4）关注行业发展趋势。选题应关注物联网技术的最新发展动态和市场需求，确保学生所学内容具有前瞻性和实用性。

在确定选题时，可以组织教师团队进行讨论和评估，确保选题符合以上要求。同时，也可以与学生进行沟通和交流，了解他们的兴趣和需求，使选题更加贴近学生的实际情况。

（二）项目实施的规划与指导

在确定选题后，需要对项目实施进行规划和指导。这包括项目的时间安排、任务分配、实验条件准备等方面。具体来说：

（1）制订详细的项目实施计划。明确项目的起止时间、关键节点、任务分工等，确保项目能够按计划进行。

（2）提供必要的实验条件支持。根据项目需求，提供相应的实验设备、软件、场地等支持，确保学生能够在良好的实验条件下进行项目实践。

（3）加强过程管理与指导。在项目实施过程中，教师应加强对学生的指导和管理，及时了解项目进度和遇到的困难，并提供相应的帮助和支持。

（4）鼓励学生自主探索与创新。在项目实施过程中，鼓励学生发挥自己的想象力和创造力，进行自主探索和创新。教师可以为学生提供一些引导性问题和建议，帮助他们拓展思路和方法。

（三）项目成果的评估与反馈

项目完成后，需要对项目成果进行评估和反馈。这既是对学生实践能力的检验，也是对教师教学效果的评估。具体来说：

（1）制定科学的评估标准。根据项目目标和要求，制定科学的评估标准，明确评估的侧重点和分值分配。

（2）采用多种评估方式。结合学生的实验报告、作品展示、答辩等多种方式对项目成果进行评估，确保评估结果的客观性和准确性。

（3）及时给予反馈和建议。在评估过程中，及时给予学生反馈和建议，指出他们的优点和不足，帮助他们明确改进方向。

（4）总结经验教训。对整个项目实施过程进行总结和反思，找出存在的问题和不足，并提出改进措施和建议。这些经验教训可以为今后的实践教学提供有益的参考和借鉴。

（四）实践项目的持续更新与优化

随着物联网技术的不断发展和应用领域的不断拓展，实践项目也需要不断更新和优化。具体来说：

（1）关注行业动态和技术发展。及时了解物联网技术的最新发展动态和应用场景，为实践项目的更新和优化提供有力支持。

（2）引入新的实践项目。根据行业发展趋势和技术需求，引入新的实践项目，为学生提供更多的实践机会和挑战。

要确保评价标准与教学目标和课程要求紧密相关，能够全面反映学生在实践活动中的表现；其次，评价标准应具体明确，便于教师和学生理解和执行；最后，评价标准应具有可量化性，便于对实践成果进行客观评价。

在制定评价标准时，可以采用专家评审、学生自评、互评等多种方式，结合实践项目的实际情况，制定具体、可行的评价标准。同时，评价标准还需要在实践中不断完善和调整，以适应物联网技术的快速发展和教学需求的变化。

（二）评价方法的多样性与灵活性

实践成果的评价方法应具有多样性和灵活性。可以采用项目报告、作品展示、答辩交流、现场操作等多种方式进行评价。这些方法能够全面、客观地反映学生在实践活动中的表现和能力水平。

在评价方法的选择上，应根据实践项目的特点和要求，选择最适合的评价方法。例如，对于创新性较强的实践项目，可以采用答辩交流的方式进行评价；对于技能操作要求较高的实践项目，可以采用现场操作的方式进行评价。同时，还可以结合多种评价方法，进行综合评价，以更全面地反映学生的实践成果。

（三）评价结果的反馈与指导

评价结果的反馈与指导是实践成果评价的重要环节。在评价过程中，教师应及时给予学生反馈，指出他们的优点和不足，并提出具体的改进建议。这有助于学生了解自己的实践成果，明确改进方向，提高实践能力。

同时，教师还应关注学生的情感需求和心理状态，在给予反馈时注重鼓励和引导。对于表现优秀的学生，应给予肯定和表扬；对于表现不足的学生，应给予耐心指导和帮助。通过及时的反馈和指导，可以激发学生的学习动力，提高他们的学习兴趣和积极性。

（四）实践成果的展示与交流

实践成果的展示与交流是实践教学体系中的重要环节。通过展示和交流，可以让学生展示自己的实践成果，分享实践经验，互相学习和借鉴。这有助于提高学生的自信心和表达能力，培养他们的团队精神和合作意识。

在实践成果的展示与交流中，可以组织学生进行项目报告、作品展示、现场演示等多种形式的活动。同时，还可以邀请企业专家、行业领袖等参与展示和交流活动，为学生提供更广阔的视野和更深入的指导。通过展示和交流活动，可以让学生更好地了解物联网技术的最新发展动态和应用前景，激发他们的创新精神和创业意识。

此外，实践成果的展示与交流还可以促进学校与企业、科研机构之间的合作与交流。通过展示学生的实践成果和创新能力，可以吸引更多的企业和科研机构与学校建立合作关系，共同推动物联网技术的发展和应用。

第五节　学生学习兴趣的激发与培养

一、兴趣导向的课程设计

在物联网单片机教学中，激发学生的学习兴趣与培养是关键的教学任务之一。一个兴趣导向的课程设计能够有效吸引学生的注意力，提高他们参与教学活动的积极性，进而提升学习效果。

（一）课程内容与实际应用相结合

物联网单片机技术的广泛应用为学生提供了丰富的实践场景。在课程设计时，应将课程内容与实际应用相结合，引入实际案例和项目，让学生在学习过程中能够感受到技术的实际价值和意义。例如，可以设计一些与智能家居、环境监测、工业自动化等实际应用相关的课程项目，让学生在实践中学习和应用物联网单片机技术。通过解决实际问题，学生能够更直观地感受到技术的魅力，从而激发学习兴趣。

（二）多样化的教学方法和手段

教学方法和手段对于激发学生的学习兴趣具有重要作用。在物联网单片机教学中，应采用多样化的教学方法和手段，如案例教学、项目教学、实验教学等，以满足不同学生的学习需求。同时，利用现代信息技术手段，如多媒体教学、网络教学等，可以为学生提供更加丰富、生动的学习资源，增强学习的趣味性和互动性。通过多样化的教学方法和手段，可以激发学生的学习兴趣，提高学习效果。

（三）个性化教学关注学生需求

每个学生的兴趣和需求都是独特的。在物联网单片机教学中，应注重个性化教学，关注每个学生的需求和特点，为他们提供量身定制的教学方案。例如，可以针对学生的兴趣和特长设计课程项目，让他们在自己感兴趣的领域进行学习和实践。同时，教师可以根据学生的实际情况，提供个性化的指导和帮助，满足他们的学习需求。通过个性化教学，可以激发学生的学习热情和兴趣，提高他们的学习积极性和自信心。

（四）营造积极的学习氛围和互动环境

学习氛围和互动环境对于激发学生的学习兴趣具有重要影响。在物联网单片机教学中，应营造积极的学习氛围和互动环境，让学生感受到学习的乐趣和挑战。例如，可以组织学生进行小组讨论、合作实践等活动，促进他们之间的交流和合作。同时，教师应积极参与学生的学习过程，与他们进行互动和交流，了解他们的学习情况和需求。通过营造积极的学习氛围和互动环境，可以激发学生的学习兴趣和动力，提高他们的学习效果和综合素质。

二、创新实践活动的组织

在物联网单片机教学中，创新实践活动的组织是培养学生实践能力和创新精神的关键环节。通过精心设计的创新实践活动，学生能够将理论知识与实际应用相结合，锻炼解决问题的能力，并激发对物联网技术的兴趣和热情。

（一）活动目标的明确与定位

创新实践活动的首要任务是明确活动目标，确保活动的方向性和针对性。活动目标应紧密结合物联网单片机教学的课程要求，旨在提升学生的实践能力和创新精神。具体来说，活动目标可以包括以下几个方面：

（1）加强学生对物联网单片机技术的理解和应用，提高实际操作能力。

（2）培养学生的团队协作能力和问题解决能力，锻炼创新思维。

（3）激发学生的学习兴趣和热情，提高学习主动性和积极性。

在明确活动目标的基础上，需要对活动进行定位。活动定位应考虑到学生的实际情况和学习需求，确保活动的可行性和有效性。同时，活动定位还需要与教学目标和课程要求相衔接，形成有机的整体。

（二）活动内容的策划与设计

创新实践活动的核心内容是其活动内容的策划与设计。活动内容应紧密围绕物联网单片机技术的实际应用，结合学生的兴趣和特长，设计具有挑战性和趣味性的实践项目。具体来说，活动内容可以包括以下几个方面：

（1）物联网应用项目的设计与实现，如智能家居、环境监测等。

（2）单片机编程技能的提升，如学习使用新的编程语言或工具。

（3）团队协作与沟通能力的锻炼，如组织学生进行团队项目合作。

在策划与设计活动内容时，需要注重活动的创新性和实用性。通过引入新技术、新应用和新方法，激发学生的创新精神和探索欲望。同时，活动内容还需要具有实际应用价值，能够帮助学生将所学知识应用到实际问题中。

（三）活动实施的过程管理

创新实践活动的实施过程需要有效的过程管理来确保活动的顺利进行。过程管理包括活动前的准备、活动中的指导和活动后的总结三个阶段。具体来说：

（1）活动前的准备。包括场地、设备、材料等的准备，以及学生的分组和任务分配。在准备阶段，需要充分考虑学生的实际情况和学习需求，确保活动的顺利进行。

（2）活动中的指导。在活动过程中，教师需要密切关注学生的实践情况，及时给予指导和帮助。通过引导学生自主探索和解决问题，培养学生的实践能力和创新精神。同时，教师还需要注意学生的安全问题，确保活动的安全进行。

（3）活动后的总结。在活动结束后，需要组织学生进行总结和反思。通过分享实践经验和成果，发现不足之处并提出改进建议。同时，教师还需要对活动进行评价和反馈，为学生的后续学习提供参考。

（四）活动效果的评估与反馈

创新实践活动的最终目的是提升学生的实践能力和创新精神。因此，对活动效果的评估与反馈是必不可少的环节。评估与反馈可以通过以下几个方面进行：

（1）成果展示。组织学生进行成果展示，展示他们的实践成果和创新成果。通过展示，可以激发学生的学习热情和自信心，同时也可以为其他学生提供借鉴和参考。

（2）成果评价。对学生的实践成果进行评价，包括作品的创新性、实用性、完成度等方面。通过评价，可以客观地反映学生的实践能力和创新精神水平。

（3）反馈与改进。根据学生的实践情况和成果评价，为学生提供个性化的反馈和建议。同时，还需要对活动本身进行反思和总结，发现不足之处并提出改进建议。通过反馈与改进，可以不断提升创新实践活动的质量和效果。

三、教师引导与学生自主探索的结合

在物联网单片机教学中，教师引导与学生自主探索的结合是促进学生全面发展的重要教学策略。这种教学策略旨在通过教师的有效引导和学生的积极参与，实现知识的深入理解和技能的熟练掌握，同时培养学生的创新精神和自主学习能力。

（一）教师引导的角色与定位

在物联网单片机教学中，教师扮演着引导者和指导者的角色。教师的引导不是简单地传授知识，而是要通过问题引导、案例分析、项目驱动等方式，激发学生的学习兴趣和好奇心，引导他们主动思考和探索。同时，教师还需要根据学生的实际情况和学习需求，提供个性化的指导和帮助，确保学生能够在正确的方向上进行深入学习。

在定位上，教师应将自己视为学生学习过程中的合作伙伴和辅助者，而非主导者。教师要尊重学生的主体地位，鼓励学生发挥主动性和创造性，让他们在实践中发现和解决问题。通过教师的引导，学生能够在学习过程中逐渐形成自主学习和独立思考的能力。

（二）学生自主探索的机制与路径

学生自主探索是物联网单片机教学中的重要环节。在教师的引导下，学生需要主动参与到学习过程中，通过查阅资料、实践操作、小组讨论等方式，自主发现问题、解决问题。学生自主探索的机制包括自主学习、合作学习、实践探索等，这些机制能够帮助学生更好地理解和掌握知识，提高解决问题的能力。

在路径上，学生需要遵循一定的学习步骤和方法。首先，学生需要明确学习目标，了解学习任务和要求；其次，学生需要制订学习计划，合理安排学习时间和资源；再次，学生需要通过自主学习和合作学习相结合的方式，深入学习和掌握知识；最后，学生需要通过实践探索，将所学知识应用到实际问题中，检验学习效果。

（三）教师引导与学生自主探索的互动关系

教师引导与学生自主探索之间存在密切的互动关系。教师的引导能够为学生提供明确的学习方向和方法，帮助学生克服学习中的困难和障碍；而学生的自主探索则能够激发学生的学习兴趣和动力，促进知识的深入理解和技能的熟练掌握。

在互动关系中，教师需要注重与学生的沟通和交流。教师可以通过课堂讨论、在线答疑等方式，及时了解学生的学习情况和需求，为他们提供针对性的指导和帮助。同时，教师还需要鼓励学生之间的合作和交流，促进知识的共享和创新思维的碰撞。

（四）教师引导与学生自主探索的成效评估

教师引导与学生自主探索的成效评估是检验教学效果的重要手段。在评估过程中，需要关注学生的学习成果、学习态度和学习过程等方面。具体来说，可以通过以下几个方面进行评估：

（1）学习成果评估。通过考试、作业、项目等方式，评估学生对物联网单片机知识的掌握程度和应用能力。

（2）学习态度评估。观察学生在学习过程中的表现，包括学习热情、主动性、合作精神等方面，评估学生的学习态度是否积极。

（3）学习过程评估。通过课堂观察、学习记录等方式，评估学生在学习过程中的表现，包括自主学习能力、问题解决能力等方面。

通过以上评估方式，可以全面了解教师引导与学生自主探索的成效，为今后的教学改进提供参考。同时，教师还需要根据评估结果，为学生提供个性化的反馈和建议，帮助他们更好地发展自己的能力和潜力。

四、学习成果的激励机制建立

在物联网单片机教学中，学习成果的激励机制建立对于激发学生的学习动力、提升学习效果具有至关重要的作用。一个有效的激励机制能够激发学生的学习热情，促进学生积极投入学习，并持续追求更高的学习成果。

（一）明确激励目标与标准

建立学习成果的激励机制，首先需要明确激励的目标和标准。激励目标应该与物联网单片机教学的课程目标相一致，旨在鼓励学生掌握核心知识、提升实践能力和创新精神。同时，激励标准应该具体、可衡量，以便学生能够清晰地了解达到什么标准才能获得相应的激励。

在明确激励目标和标准时，教师可以参考学生的学习成绩、实践能力、创新精神、团队协作能力等几个方面。通过对这些方面的综合评估，制定出一套既符合教学目标又能够激发学生积极性的激励标准。

（二）设计多样化的激励方式

为了激发学生的学习热情，需要设计多样化的激励方式。激励方式可以包括物质激励和精神激励两个方面。物质激励如奖学金、证书、实物奖励等，可以给予学生一定的物质回报，增加他们学习的积极性；精神激励如表扬、鼓励、荣誉称号等，可以给予学生精神上的满足和认可，激发他们的自信心和成就感。

在设计激励方式时，教师需要充分考虑学生的需求和兴趣，选择适合学生的激励方式。同时，还需要注意激励方式的公平性和可持续性，避免过度依赖单一激励方式，导致学生失去动力。

（三）建立公正的激励机制

一个公正的激励机制是确保激励效果的关键。公正的激励机制需要遵循公平、公正、公开的原则，确保每个学生都有平等的机会获得激励。在建立激励机制时，需要明确激励的条件和标准，制定公正的评价方法，并公开激励结果，让学生清楚了解自己的学习成果和激励情况。

为了确保激励机制的公正性，教师可以采取以下措施：建立多元化的评价体系，充分考虑学生的个体差异；制定明确的评价标准和方法，确保评价的公正性和客观性；加强监督和管理，确保激励结果的公开和透明。

（四）持续完善与调整激励机制

学习成果的激励机制是一个动态的过程，需要随着教学的发展和学生的变化而不断完善和调整。在教学过程中，教师需要及时关注学生的学习情况和激励效果，收集学生的反馈和建议，对激励机制进行持续完善和调整。

在完善和调整激励机制时，教师可以考虑以下几个方面：根据学生的学习情况调整激励标准和条件；根据学生的反馈和建议改进激励方式和评价方法；加强与学生的沟通和交流，了解他们的需求和期望，为激励机制的完善和调整提供有力支持。

第四章 物联网单片机教学平台设计

第一节 教学平台的设计原则与目标

一、平台设计的实用性原则

在物联网单片机教学平台的设计中，实用性原则是关键。它要求平台不仅具备教学所需的基本功能，还要能够在实际教学中发挥重要作用，真正促进学生的学习和成长。

（一）满足教学需求

平台的实用性首先体现在其能够满足物联网单片机教学的实际需求。这包括提供全面的教学资源、支持多样化的教学方法、满足个性化学习需求等方面。设计平台时，应充分考虑教师的教学习惯和学生的学习特点，确保平台功能的针对性和有效性。同时，平台还应具备良好的扩展性，能够随着教学需求的变化而不断更新和完善。

（二）易用性设计

平台的实用性还体现在其易用性上。一个易于使用的平台能够降低用户的学习成本，提高使用效率。因此，在平台设计过程中，应注重用户体验，采用简洁明了的界面设计和操作流程，降低用户的学习难度。同时，平台还应提供详细的帮助文档和在线支持服务，方便用户在使用过程中随时获取帮助。

（三）稳定性与可靠性

平台的实用性还要求平台具有高度的稳定性和可靠性。在物联网单片机教学中，学生需要进行大量的实践操作和实验验证，因此平台的稳定性和可靠性至关重要。设计平台时，应采用成熟的技术架构和高质量的硬件设备，确保平台能够稳定运行并承受大量的并发访问。同时，平台还应具备完善的数据备份和恢复机制，以应对可能出现的故障和意外情况。

（四）适应性与灵活性

随着物联网技术的不断发展和物联网单片机教学的深入推进，教学需求也在不断变化。因此，平台的实用性还要求平台具有良好的适应性和灵活性。平台应能够根据不同的教学需求进行定制和配置，以满足不同学校、不同专业、不同层次的教学需求。同时，平台还应支持多种教学模式和教学方法，如在线教学、混合式教学、翻转课堂等，以适应不同学生的学习方式和习惯。

二、可扩展性与可维护性目标

在物联网单片机教学平台的设计中，可扩展性与可维护性目标同样重要。这两个目标确保了平台能够随着技术的发展和教学需求的增长而不断进化，同时也降低了平台维护和更新的成本。

（一）技术架构的可扩展性

技术架构的可扩展性是确保物联网单片机教学平台能够持续发展的重要基础。在设计平台时，应采用模块化、组件化的设计思想，将不同的功能模块进行解耦，使得每个模块都能够独立地进行扩展和升级。同时，平台还应支持多种接口和协议，以便与其他系统或设备进行集成和互操作。这种技术架构的设计能使平台在面对新的教学需求或技术变革时，能够快速地添加新的功能模块或替换旧的模块，保持平台的先进性和竞争力。

在可扩展性的实现过程中，还需要考虑数据结构和算法的设计。合理的数据结构和算法能够提高平台的性能和稳定性，同时也为扩展提供了良好的基础。因此，在平台设计初期，就需要对数据结构和算法进行充分的考虑和优化。

（二）硬件资源的可扩展性

物联网单片机教学平台通常需要大量的硬件资源来支持学生的实践操作和实验验证。因此，硬件资源的可扩展性也是平台设计中的重要考虑因素。平台应支持多种类型的硬件设备和传感器，并能够灵活地添加和移除这些设备。同时，平台还应具备足够的扩展接口和插槽，以便在需要时增加硬件资源。

在硬件资源的可扩展性方面，还需要考虑硬件设备的兼容性和标准化。不同品牌和型号的硬件设备可能存在差异，因此平台需要能够支持多种品牌和型号的硬件设备，并且遵循一定的标准化协议。这样可以确保平台在添加新的硬件设备时不会受到过多的限制和约束。

（三）软件系统的可维护性

软件系统的可维护性是确保物联网单片机教学平台能够长期稳定运行的关键。一个易于维护的软件系统能够降低维护成本，提高维护效率。因此，在平台设计过程中，应注重软件系统的可维护性设计。

首先，平台应采用清晰、简洁的代码风格和注释规范，以提高代码的可读性和可维护性；其次，平台应提供完善的日志和监控功能，以便及时发现和解决潜在的问题。此外，平台还应具备自动化测试和部署能力，以确保软件系统的质量和稳定性。

在软件系统的可维护性方面，还需要考虑人员的培训和支持。平台的设计者和开发者应提供详细的文档和教程，以便其他人员能够快速地熟悉和掌握平台的使用和维护方法。同时，平台还应提供及时的技术支持和帮助服务，以解决用户在使用过程中遇到的问题和困难。

（四）平台管理与维护的便捷性

平台管理与维护的便捷性是确保物联网单片机教学平台能够高效运行的重要因素。在平台设计过程中，应注重平台管理与维护的便捷性设计。

首先，平台应提供直观、易用的管理界面和工具，以便管理员能够快速地配置和管理平台的各种资源和功能；其次，平台应支持远程管理和维护功能，以便管理员能够在任何时间、任何地点对平台进行管理和维护。此外，平台还应具备自动化备份和恢复功能，以确保平台数据的完整性和安全性。

在平台管理与维护的便捷性方面，还需要考虑安全性和稳定性。平台应具备完善的安全机制和权限管理功能，以确保平台数据的安全性和保密性。同时，平台还应具备稳定的运行环境和高可靠性的硬件设备，以确保平台能够持续稳定地运行并为用户提供高质量的服务。

三、用户友好性与易用性设计

（一）界面设计与用户友好性

在用户界面设计中，用户友好性是一个至关重要的考量因素。良好的界面设计不仅能让用户快速上手，还能提升用户的整体体验。首先，界面布局应清晰合理，避免信息过载，使用户能够一眼看到所需的信息。其次，色彩搭配应和谐统一，符合用户的使用习惯和审美偏好。同时，图标和按钮的设计应直观易懂，减少用户的认知负担。此外，响应速度也是影响用户友好性的重要因素，界面应能在用户操作后迅速给出反馈。

在具体实践中，可以采用卡片式设计、扁平化风格等方法来优化界面。卡片式设计能够将不同功能或信息模块化，使用户能够快速定位到所需内容。扁平化风格则能够减少界面的视觉层级，使界面更加简洁明了。此外，还可以运用动画和过渡效果来提升界面的趣味性和吸引力。

然而，仅仅关注界面设计是不够的。还需要关注用户在使用过程中的实际体验。因此，需要进行用户测试，收集用户的反馈和建议，不断优化界面设计。

（二）操作流程与易用性

操作流程的易用性直接关系到用户能否顺利完成任务。一个易用的操作流程应该简洁明了、逻辑清晰、步骤合理。首先需要对用户需求进行深入分析，了解用户的使用场景和习惯。然后根据用户需求设计合理的操作流程，减少不必要的步骤和冗余操作。同时，需要提供明确的提示和引导信息，帮助用户快速理解操作流程。

在具体实践中，可以采用流程图、用户故事等方法来梳理操作流程。流程图能够直观地展示操作流程的各个环节和步骤，帮助发现潜在的问题和改进点。用户故事则能够从用户的角度出发，描述用户在使用产品时可能遇到的问题和期望的解决方案。

此外，要关注不同用户群体的操作习惯和偏好。如，对于新手用户，可以提供详细的操作指南和示例；对于高级用户，可以提供快捷键和高级设置选项等。

（三）交互设计与用户体验

交互设计是提升用户体验的关键环节。良好的交互设计能够让用户感受到产品的温度和情感，增强用户对产品的认同感和归属感。首先，需要关注用户与产品之间的交互方式，如点击、滑动、拖拽等。这些交互方式应该符合用户的自然习惯和操作预期。其次，需要关注用户在使用产品时的情感体验，如愉悦、惊讶、满足等。这些情感体验能够增强用户对产品的记忆和忠诚度。

在具体实践中，可以运用微交互、情感化设计等方法来提升交互体验。微交互能够在用户与产品进行交互时提供即时的反馈和惊喜，增强用户的参与感和满足感。情感化设计则能够赋予产品情感和个性，让用户在使用产品时感受到温度和情感。

（四）持续优化与迭代

用户友好性和易用性设计是一个持续优化的过程。随着用户需求的不断变化和技术的不断进步，需要不断对产品进行迭代和优化。首先，需要建立用户反馈机制，及时收集用户的反馈和建议；其次，需要对反馈进行整理和分析，找出存在的问题和改进点；最后，需要根据分析结果制定改进方案并付诸实践。

在具体实践中，可以运用数据分析、用户访谈等方法来收集用户反馈。数据分析能够了解用户的使用情况和行为偏好；用户访谈则能够深入了解用户的需求和期望。通过不断收集和分析用户反馈，能够不断优化产品设计和用户体验。

四、教学资源的共享与开放性

（一）教学资源共享的重要性

教学资源的共享是现代教育体系中的重要一环，它对于提高教育质量、促进教育公平具有重要意义。教学资源包括教材、课件、教学视频、在线课程等多种形式，这些资源的共享能够使更多的学生和教育工作者受益。

（1）教学资源共享能够打破地域限制，让偏远地区的学生也能接触到优质的教育资源。在传统的教学模式中，由于地域限制，很多优质的教育资源无法被广大学生所利用。而通过网络平台等渠道，这些资源可以被广泛传播和共享，使更多的学生受益。

（2）教学资源共享能够促进教育公平。在现实中，由于经济、文化等多种因素的影响，不同地区、不同学校之间的教育资源分配存在不均衡现象。而教学资源的共享能够在一定程度上缓解这种不均衡现象，让更多的学生享受到优质的教育资源。

（3）教学资源共享还能够提高教育质量。通过共享优质的教学资源，教育工作者可以借鉴和学习其他教师的优秀教学方法和经验，从而不断提高自己的教学水平。同时，学生也可以通过接触更多的教学资源，拓宽自己的知识面和视野，提高自己的综合素质。

（二）教学资源共享的实践途径

教学资源共享的实践途径多种多样，包括建立教学资源库、搭建在线教育平台、开展校际合作等。

（1）建立教学资源库是实现教学资源共享的基础。教学资源库可以集中存储各种形式的教学资源，包括教材、课件、教学视频等。通过教学资源库，教育工作者可以方便地查找和获取所需的教学资源，从而提高教学效率和质量。

（2）搭建在线教育平台是实现教学资源共享的重要途径。在线教育平台可以为广大教育工作者和学生提供一个互动、交流、学习的空间。通过在线教育平台，教育工作者可以发布自己的教学资源和课程，与其他教育工作者和学生进行交流和互动；学生则可以自主选择适合自己的课程和资源进行学习。

（3）开展校际合作也是实现教学资源共享的有效方式。不同学校之间可以通过开展校际合作，共享各自的教学资源和优势，从而共同提高教育质量。例如，可以组织教师进行教学交流和研讨活动，分享各自的教学经验和成果；可以开展学生之间的交流和合作活动，拓宽学生的视野和知识面。

（三）教学资源开放性的挑战与应对

虽然教学资源共享具有诸多优点，但在实践中也面临一些挑战，其中最主要的挑战是版权问题和数据安全问题。

对于版权问题，应该加强版权意识教育，尊重和保护知识产权。在共享教学资源时，应注明资源的来源和版权信息，并遵守相关的版权法律法规。同时，可以建立版权保护机制，对侵权行为进行打击和惩罚。

对于数据安全问题，应该加强网络安全意识教育和技术防范措施。在存储和传输教学资源时，应采取加密、备份等措施确保数据的安全性和完整性。同时，应建立完善的数据管理制度和应急预案，以应对可能出现的数据泄露、丢失等风险。

（四）教学资源共享与开放性的未来展望

随着信息技术的不断发展和普及，教学资源共享与开放性将呈现更加广阔的发展前景。未来，可以期待以下几个方面的变化：

（1）教学资源共享将更加便捷和高效。随着云计算、大数据等技术的应用，教学资源库和在线教育平台将变得更加智能化和个性化，能够根据用户的需求和兴趣推荐合适的教学资源。

（2）教学资源共享将更加注重互动和合作。未来的教学资源共享将不是资源的单向传递和获取，而是更加注重教育工作者和学生之间的互动和合作。通过在线教育平台等渠道，教育工作者和学生可以共同参与课程的设计和开发过程，共同提高教育质量和效果。

（3）教学资源共享将更加注重开放性和包容性。未来的教学资源共享将不再局限于某个地区或某个学校内部，而是更加注重跨地区、跨学校、跨国家的合作和交流。通过开放共享的教学资源平台等渠道，不同文化背景、不同教育水平的学生都能够获得优质的教育资源和服务。

第二节　平台的硬件选择与配置

一、硬件设备的选型原则

在选择和采购硬件设备时，必须遵循一系列原则以确保平台的稳定性、可扩展性和高效性。

（一）需求分析

需求分析是硬件设备选型的第一步。在选型前，需要深入了解平台的功能需求、性能需求、安全需求以及未来扩展的可能性。通过需求分析，可以确定所需的硬件设备类型、规格和数量。

在需求分析过程中，应充分考虑平台的业务特点、用户规模、数据流量等因素。例如，对于大数据处理平台，需要选择具有高计算能力、大存储容量的服务器；对于云计算平台，需要选择具有虚拟化技术、高可靠性的服务器。

（二）性价比评估

在硬件设备选型时，性价比是一个重要的考虑因素。性价比评估不仅要考虑设备的性能价格比，还要考虑设备的维护成本、升级成本等因素。

在选择硬件设备时，应充分比较不同品牌、不同型号的设备在性能、价格、维护成本等方面的差异。通过综合评估，选择性价比最高的设备。

（三）兼容性与扩展性

在选择硬件设备时，还需要考虑设备的兼容性和扩展性。兼容性是指设备之间能够相互协作、无缝对接；扩展性是指设备在未来能够方便地进行升级和扩展。

为了确保平台的稳定性和可扩展性，应选择具有良好兼容性和扩展性的硬件设备。在选择设备时，应关注设备的接口标准、通信协议等因素，确保设备之间的兼容性。同时，还应考虑设备的可扩展性，如支持更多的 CPU 插槽、更大的内存和存储空间等。

（四）安全性与可靠性

安全性和可靠性是硬件设备选型中不可忽视的因素。安全性是指设备能够保障数据的安全和隐私；可靠性是指设备能够长时间稳定运行、不易出现故障。

在选择硬件设备时，应关注设备的安全性能和可靠性指标。例如，可以选择具有数据加密、防火墙等安全功能的设备；可以选择经过严格测试和认证的设备品牌，以确保设备的可靠性和稳定性。

二、硬件设备的采购策略

在确定了硬件设备的选型原则后，还需要制定合适的采购策略。

（一）市场调研

在采购前，应进行充分的市场调研。通过了解市场上不同品牌、不同型号的设备价格、性能等信息，为采购决策提供依据。

（二）供应商选择

选择合适的供应商是确保设备质量和售后服务的重要保障。在选择供应商时，应关注供应商的信誉度、产品质量、售后服务等因素。

（三）价格谈判

在采购过程中，需要进行价格谈判以争取更优惠的价格。在谈判前，应充分了解市场行情和供应商的成本情况，制定合理的谈判策略。

（四）合同签订与履行

在达成采购意向后，应签订正式的采购合同并履行相关手续。合同中应明确设备的规格、数量、价格、交货时间等条款，并约定违约责任和解决争议的方式。

在合同履行过程中，应密切关注供应商的交货进度和产品质量情况，确保设备按时交付并符合质量要求。同时，还应建立完善的设备验收机制，确保采购的设备符合选型原则和采购要求。

三、硬件平台的搭建与配置

（一）搭建前的规划与设计

在硬件平台搭建之前，进行周密的规划与设计是至关重要的。这包括对平台功能需求的深入理解、对硬件资源的合理分配以及对未来扩展性的充分考虑。

1. 功能需求分析

首先，需要明确平台需要实现哪些功能，这些功能对硬件资源的需求是怎样的。例如，如果平台需要处理大量数据，那么就需要选择具有高计算能力和大存储容量的硬件设备。通过功能需求分析，可以为后续的硬件选择和配置提供明确的方向。

2. 硬件配置规划

在明确了功能需求后，需要对硬件配置进行规划。这包括对服务器、存储设备、网络设备等的选择和配置。需要根据平台的实际需求，选择合适的硬件设备，并考虑设备的性能、兼容性、扩展性等因素。同时，还需要对设备进行合理的布局和连接，以确保整个平台的稳定性和高效性。

3. 安全性与可靠性设计

安全性和可靠性是硬件平台搭建中不可忽视的因素。我们需要设计合理的安全机制，如防火墙、入侵检测等，以保护平台免受外部攻击。同时，还需要选择可靠的硬件设备，以确保平台的稳定运行。此外，还需要考虑数据的备份和恢复策略，以防止数据丢失或损坏。

（二）硬件设备的安装与部署

在完成了规划与设计后，需要进行硬件设备的安装与部署。这是一个需要专业技能和经验的过程。

1. 设备安装

设备的安装需要按照设备的说明书和安装要求进行。在安装过程中，需要注意设备的摆放位置、通风散热、电源连接等问题。同时，还需要对设备进行必要的配置和调试，以确保设备能够正常工作。

2. 网络连接

网络连接是硬件平台搭建中的重要环节。需要根据网络规划，将各个设备连接到一起，形成一个稳定的网络拓扑结构。在连接过程中，需要注意网络带宽、延迟、丢包等问题，以确保数据的传输效率和稳定性。

3. 系统安装与配置

在硬件设备安装完成后，需要进行系统的安装与配置，这包括操作系统的安装、网络配置、存储配置等。需要根据平台的需求和设备的特性，进行合适的系统配置和优化，以确保平台的高效运行。

（三）平台测试与优化

在硬件平台搭建完成后，需要进行平台测试与优化，以确保平台的性能。

1. 平台测试

平台测试包括功能测试、性能测试、安全测试等。需要对平台进行全面的测试，以发现可能存在的问题和隐患。在测试过程中，需要模拟各种实际场景和用例，以确保平台的稳定性和可靠性。

2. 性能优化

在测试过程中，可能会发现平台的性能瓶颈或不足，这时，需要进行性能优化。性能优化可以通过调整系统配置、优化代码、增加硬件资源等方式实现。需要根据具体情况，选择合适的优化方案，以提高平台的性能和效率。

（四）维护与升级

硬件平台的搭建与配置并不是一次性的工作，而是需要长期维护和升级的。

1. 日常维护

日常维护包括设备的巡检、故障排查、数据备份等。要定期对设备进行巡检，及时发现和处理潜在的问题；要定期备份数据，以防止数据丢失或损坏。

2. 升级与扩展

随着业务的发展和技术的更新，硬件平台可能需要进行升级和扩展，需要根据实际需求和技术发展，选择合适的升级和扩展方案。在升级和扩展的过程中，需要确保数据的完整性和安全性，并尽可能减少对业务的影响。

四、硬件接口的标准化与兼容性

（一）硬件接口标准化的重要性

硬件接口标准化在信息技术领域扮演着至关重要的角色，它确保了不同硬件组件能够相互连接和通信，促进了系统的互操作性和稳定性。

1. 提高互操作性

接口标准化使得不同厂商生产的设备或软件能够无障碍地连接和通信。这种互操作性提高了系统的整体效能和功能，使得各个系统在传输数据和信息时更加稳定和安全。例如，USB 接口的标准化使得连接 USB 设备变得简单而高效，无须担心兼容性问题。

2. 简化硬件集成和测试

接口标准定义了数据传输的格式、电压和时序等关键参数，使得硬件设计和测试过程更加简化。遵循统一标准的接口可以确保数据在不同硬件之间正确传输，减少了因接口不兼容而导致的错误和故障。

3. 加快产品研发和上线速度

接口标准化为产品研发和上线提供了快速便捷的途径。通过遵循标准接口，不同组件或模块之间的快速集成成为可能，从而提高了产品研发的效率。此外，标准化的接口也减少了在接口对接和适配上投入的时间和精力。

（二）硬件接口标准化的实践

在实践中，硬件接口标准化涉及多个方面：

1.接口规范的制定

接口规范是接口标准化的基础，它详细描述了接口的功能、性能、电气特性等要求。制定接口规范需要考虑到技术的先进性、兼容性以及市场需求等因素。

2.接口规范的测试和认证

为了确保接口规范的正确性和可靠性，需要进行严格的测试和认证。这包括对接口的功能、性能、兼容性等方面的测试，以确保接口能够满足规范要求。

3.遵循接口标准的硬件设计

在硬件设计过程中，需要遵循统一的接口标准。这包括选择合适的接口类型、设计符合标准的接口电路、编写符合标准的驱动程序等。遵循接口标准可以确保硬件的兼容性和稳定性。

（三）硬件兼容性考虑因素

硬件兼容性是硬件接口标准化的重要体现，它涉及多个方面的考虑因素。

1.接口标准化

如前所述，接口标准化是确保硬件兼容性的基础。遵循统一的接口标准可以确保不同硬件组件之间的无缝连接和通信。

2.硬件资源利用

不同的硬件资源在不同的设备上具有不同的使用情况。为了确保硬件兼容性，需要最大程度利用硬件资源，以实现更好的性能和兼容性。

3.软件兼容性

硬件设备通常需要软件支持才能正常工作。因此，软件兼容性也是硬件兼容性考虑的重要因素之一。需要确保硬件设备与操作系统的兼容性，以及提供必要的驱动程序和接口支持。

4.耐用性和易维护性

硬件设备的耐用性和易维护性也影响其兼容性。耐用性好的设备能够长期稳定工作，减少因设备故障导致的兼容性问题。同时，易维护性好的设备能够方便地进行维修和更换部件，进一步提高了硬件的兼容性。

（四）硬件接口标准化与兼容性的未来发展

随着技术的不断进步和市场的不断变化，硬件接口标准化与兼容性将面临新的挑战和机遇。

1. 新技术的不断涌现

随着物联网、人工智能等新技术的不断涌现，硬件接口标准化需要不断适应新技术的发展需求。这包括制定新的接口规范、推动新技术的普及和应用等。

2. 市场竞争的加剧

随着市场竞争的加剧，硬件厂商需要更加注重产品的兼容性和稳定性以吸引用户。这要求硬件厂商积极参与接口标准化的制定和推广工作，提高产品的互操作性和可替换性。

3. 用户体验的不断提升

用户体验是硬件产品竞争力的重要因素之一。提高硬件接口的标准化和兼容性可以带来更好的用户体验，如简化设备的连接过程、提高数据传输的效率和稳定性等。因此，硬件厂商需要不断关注用户需求和市场变化，持续改进产品的兼容性和稳定性。

五、硬件设备的维护与更新

（一）硬件设备维护的必要性

1. 延长设备寿命

硬件设备在使用过程中，由于环境因素、使用习惯等原因，会逐渐出现性能下降、故障频发等问题。定期的维护能够及时发现并解决这些问题，延长设备的使用寿命，为企业或个人节省成本。

2. 保障数据安全

硬件设备中存储着大量的数据，一旦设备出现故障，可能导致数据丢失或损坏。通过定期维护，可以确保设备的稳定运行，减少数据丢失的风险。

3. 提高设备性能

维护过程中，可以对硬件设备进行必要的清洁、优化等操作，提高设备的性能，确保设备在运行过程中能够发挥最佳状态。

（二）硬件设备维护的具体措施

1.定期清洁

定期清洁硬件设备是维护的基本措施之一。使用干燥的压缩空气或软刷清除设备内部的灰尘和污垢，保持设备的散热良好，防止过热导致的性能下降。

2.检查电缆和连接

定期检查设备的电缆和连接是否稳固，避免松动或断裂导致的故障。对于发现问题的电缆和连接，应及时更换或修复。

3.更新驱动程序和固件

保持设备驱动程序和固件的最新状态对于设备的稳定运行至关重要。定期访问制造商的官方网站，下载并安装最新的驱动程序和固件更新。

4.预防性维护

采取预防性维护措施，如定期清理散热器和风扇、确保良好的通风环境、避免将设备置于潮湿或高温环境中等，可以进一步延长设备的使用寿命。

（三）硬件设备更新的考量因素

1.技术发展

随着技术的不断进步，新的硬件设备不断涌现，性能更加优越，功能更加完善。当现有设备无法满足需求时，应考虑更新设备以获得更好的性能和体验。

2.安全性考虑

随着网络安全威胁的不断增加，旧的硬件设备可能存在安全隐患。更新设备可以确保系统的安全性，减少被攻击的风险。

3.兼容性要求

在更新设备时，需要考虑新设备与现有系统的兼容性。确保新设备能够与现有系统无缝对接，避免因兼容性问题导致的故障和损失。

4.成本效益分析

更新设备需要投入一定的成本。在决定更新设备之前，需要进行成本效益分析，权衡更新设备带来的好处与成本之间的关系，确保决策的合理性。

（四）硬件设备更新的策略与建议

1.制订更新计划

根据企业的实际情况和需求，制订合理的硬件设备更新计划。明确更新的时间节点、更新的设备类型以及更新后的目标等。

2. 备份重要数据

在更新设备之前，务必备份重要数据以防止数据丢失。可以使用外部硬盘、云存储等方式进行数据备份。

3. 选择合适的设备

在更新设备时，应选择合适的设备类型和规格。根据实际需求和技术发展趋势，选择性能优越、功能完善且价格合理的设备。

4. 逐步实施更新

对于大型系统或企业而言，一次性更新所有设备可能带来较大的风险和成本。建议逐步实施更新计划，先更新关键设备或系统瓶颈部分，再逐步扩展到其他部分。同时，在更新过程中应保持系统的稳定运行并确保业务不受影响。

第三节　平台的软件开发与集成

一、软件开发环境的搭建

软件开发环境的搭建是软件开发流程中至关重要的第一步，它直接影响到后续开发工作的顺利进行和最终软件产品的质量。

（一）需求分析与规划

1. 明确开发目标

在搭建软件开发环境之前，需要明确开发的目标和需求。这包括了解项目的整体需求、功能需求、性能需求以及安全需求等。只有明确了开发目标，才能有针对性地选择适合的开发工具和框架。

2. 评估资源需求

根据项目的需求，评估所需的硬件资源、软件资源以及人力资源。硬件资源包括计算机、服务器、存储设备等；软件资源包括操作系统、数据库、开发工具等；人力资源则包括开发人员、测试人员、项目管理人员等。确保这些资源的充足性和可靠性是搭建稳定、高效的开发环境的基础。

3.制订开发计划

在明确需求和评估资源的基础上，制订详细的开发计划。开发计划应包括开发阶段划分、任务分配、时间节点、里程碑等关键信息。一个合理的开发计划有助于保证开发工作的有序进行，降低项目风险。

（二）选择与开发工具

1.评估开发工具

根据项目的需求和技术栈，评估并选择适合的开发工具。开发工具的选择应考虑到项目的规模、复杂度、开发周期以及团队的技术能力等因素。同时，还需要关注开发工具的性能、稳定性、易用性以及扩展性等方面的特点。

2.安装与配置开发工具

在选择好开发工具后，需要按照官方文档或教程进行安装和配置。安装过程中需要注意选择正确的安装路径、配置必要的环境变量等。配置完成后，需要进行测试以确保开发工具能够正常运行。

3.定制开发环境

根据项目的需求，可以定制开发环境以满足特定的开发需求。例如，可以配置特定的代码编辑器、版本控制系统、自动化测试工具等。定制开发环境有助于提高开发效率和质量。

（三）配置与测试开发环境

1.配置网络环境

开发环境需要稳定的网络环境来支持代码的版本控制、远程协作以及软件包的下载等。因此，需要配置好网络环境，包括设置正确的 IP 地址、DNS 服务器以及网络代理等。

2.配置数据库环境

对于需要数据库支持的项目，需要配置好数据库环境。这包括安装数据库软件、创建数据库实例、设置数据库用户和密码等。同时，还需要根据项目的需求进行数据库表结构的设计和数据初始化等操作。

3.进行环境测试

在配置好开发环境后，需要进行环境测试以确保环境的稳定性和可靠性。测试内容包括开发工具的运行测试、数据库的连接测试以及网络环境的稳定性测试等。对于发现的问题和隐患需要及时修复和改进。

（四）维护与优化开发环境

1. 定期备份数据

在开发过程中，需要定期备份项目数据和开发环境数据以防止数据丢失或损坏。备份数据可以存储在本地硬盘、云存储或其他可靠的存储介质中。

2. 更新与升级开发工具

随着技术的不断发展，开发工具也在不断更新和升级。为了保持开发环境的先进性和稳定性，需要定期更新和升级开发工具。在更新和升级过程中需要注意备份重要数据和配置文件以防止数据丢失或配置错误。

3. 监控与优化性能

对于大型项目或复杂系统而言，开发环境的性能可能会成为瓶颈。因此，需要定期监控开发环境的性能并根据实际情况进行优化。优化措施可以包括增加硬件资源、调整软件配置以及优化代码等。

二、物联网相关软件的选择与集成

（一）物联网软件选择的重要性

物联网软件的选择在物联网系统构建中扮演着核心角色，它直接关系到整个系统的功能实现、性能表现以及后期维护的便捷性。正确的软件选择不仅能够提高系统的稳定性和安全性，还能降低开发成本，提升用户体验。

1. 功能满足性

物联网软件的首要任务是满足物联网系统的功能需求。不同的应用场景对软件功能有不同的要求，如智能家居系统需要远程控制、环境监测等功能，而工业物联网系统则更注重数据采集、设备监控等功能。因此，在选择物联网软件时，首先要考虑其是否能够满足项目的功能需求。

2. 性能与稳定性

物联网系统需要处理大量的数据交互和设备通信，因此对软件的性能和稳定性有较高要求。软件应具备良好的并发处理能力、低延迟通信能力以及高效的数据处理能力，以确保系统能够稳定运行并满足实时性要求。

3. 安全性

物联网系统涉及大量的数据交换和设备控制，一旦遭受攻击或数据泄露，将造成严重的后果。因此，在选择物联网软件时，需要关注其安全性能，如数据加密、用户认证、访问控制等安全机制是否完善。

（二）物联网软件选择的考量因素

1. 技术成熟度

技术成熟度是选择物联网软件时需要考虑的重要因素之一。技术成熟的软件通常具有更稳定的性能和更完善的功能，同时也能够提供更好的技术支持和维护服务。

2. 兼容性

物联网系统通常由多个设备和系统组成，因此需要选择具有良好兼容性的软件来确保不同设备和系统之间的无缝连接和通信。这包括与各种传感器、执行器、云平台等设备的兼容性。

3. 易用性

物联网软件的易用性对于用户来说至关重要。软件应提供直观的用户界面和友好的操作体验，降低用户的学习成本和使用难度，提高用户满意度。

4. 成本效益

在选择物联网软件时，还需要考虑其成本效益，包括软件的购买成本、维护成本以及后续升级和扩展的成本等。需要在满足项目需求的前提下，选择性价比最高的软件产品。

（三）物联网软件的集成方法

1. 嵌入式系统集成

嵌入式系统集成是将物联网软件嵌到硬件设备中，实现硬件与软件的紧密结合。这种方法适用于对实时性和性能要求较高的场景，如工业自动化、智能交通等。通过嵌入式系统集成，可以实现数据的实时采集、处理和控制，提高系统的响应速度和稳定性。

2. 云端系统集成

云端系统集成是将物联网软件部署在云服务器上，通过互联网与硬件设备进行通信和控制。这种方法适用于对数据处理和管理要求较高的场景，如智能家居、智慧城市等。通过云端系统集成，可以实现设备的远程监控和控制、数据的集中存储和分析等功能，提高系统的灵活性和可扩展性。

3. 混合式集成

混合式集成是将嵌入式系统集成和云端系统集成相结合的一种集成方法。这种方法可以根据项目的实际需求灵活选择嵌入式系统集成或云端系统集成，实现更加灵活和高效的物联网系统构建。

（四）物联网软件集成中的挑战与解决方案

1. 数据同步与一致性

在物联网系统中，数据的同步和一致性是一个重要的挑战。由于物联网系统通常包含多个设备和系统，它们之间需要进行数据交换和共享。因此，需要采取有效的数据同步和一致性保证机制来确保数据的准确性和一致性。采用分布式数据库或数据总线等技术来实现数据的实时同步和一致性保证。同时，还可以采用消息队列等技术来实现异步通信和数据处理，提高系统的性能和稳定性。

2. 安全性问题

物联网系统的安全性问题是一个需要重点关注的挑战。由于物联网系统涉及大量的数据交换和设备控制，一旦遭受攻击或数据泄露，将造成严重的后果。加强物联网软件的安全性能设计，如采用数据加密、用户认证、访问控制等安全机制来确保系统的安全性。同时，还需要建立完善的安全管理制度和应急预案来应对可能的安全风险。

3. 兼容性问题

物联网系统的兼容性问题是另一个需要解决的挑战。物联网系统通常由多个设备和系统组成，它们之间需要进行数据交换和通信。因此，需要选择具有良好兼容性的软件来确保不同设备和系统之间的无缝连接和通信。在选择物联网软件时，要重点关注其兼容性能，如与各种传感器、执行器、云平台等设备的兼容性。同时，可以采用中间件等技术来实现不同设备和系统之间的数据交换和通信。

三、教学资源的数字化与网络化

（一）教学资源数字化的背景与意义

随着信息技术的飞速发展，教学资源数字化已成为现代教育的重要趋势。教学资源数字化是指将传统的纸质、实物教学资源转化为数字格式，便于存储、传输、共享和使用。这一趋势的出现，不仅极大地丰富了教学资源，提高了教学质量，还为学生提供了更加便捷、高效的学习方式。

1.丰富教学资源

数字化教学资源涵盖了文字、图片、音频、视频等多种形式，使得教学资源更加丰富多样。这些资源可以来自互联网、专业数据库、电子图书等，为教师提供了更多的教学素材和参考资料。

2.提高教学质量

数字化教学资源具有直观、生动、形象的特点，能够激发学生的学习兴趣和积极性。通过多媒体展示、互动教学等方式，教师可以更加生动地讲解知识，提高学生的学习效果。

3.便捷高效的学习方式

数字化教学资源打破了时间和空间的限制，学生可以随时随地进行学习；还可以根据自己的学习进度和兴趣选择适合自己的学习资源，实现个性化学习。

（二）教学资源数字化的实施过程

教学资源数字化的实施过程包括资源收集、整理、转换、存储和发布等环节。

1.资源收集

资源收集是教学资源数字化的第一步，需要广泛收集各类教学资源，包括教材、教案、课件、试题等。这些资源可以来自学校内部、互联网、专业数据库等。

2.资源整理

收集到的资源需要进行整理分类，便于后续的使用和管理。整理过程中需要注意资源的准确性、完整性和规范性。

3.资源转换

将传统的纸质、实物教学资源转换为数字格式是教学资源数字化的核心环节。转换过程中需要选择合适的转换工具和方法，确保转换后的资源质量。

4.资源存储

转换后的数字资源需要进行存储，便于后续的使用和管理。存储过程中需要考虑存储设备的容量、稳定性以及安全性等因素。

5.资源发布

将数字资源发布到合适的平台或网站上，供师生使用。发布过程中需要考虑资源的访问权限、使用说明以及更新维护等问题。

（三）教学资源网络化的优势与挑战

教学资源网络化是指将数字教学资源通过互联网进行共享和使用的过程。这一过程具有许多优势，但同时也面临一些挑战。

1. 优势

（1）资源共享。网络化使得教学资源可以在全球范围内进行共享，提高了资源的利用率和覆盖面。

（2）便捷访问。师生可以通过互联网随时随地访问教学资源，打破了时间和空间的限制。

（3）互动交流。网络化提供了师生、生生之间的互动交流平台，促进了教学相长。

2. 挑战

（1）网络安全。教学资源网络化面临网络安全问题的挑战，需要采取有效的安全措施保障资源的安全性和稳定性。

（2）版权问题。数字化教学资源可能涉及版权问题，需要遵守相关法律法规和道德准则。

（3）技术更新。随着技术的不断发展，教学资源网络化的技术和平台也需要不断更新和维护。

（四）教学资源数字化与网络化的发展趋势

随着信息技术的不断发展和普及，教学资源数字化与网络化将呈现以下发展趋势：

（1）个性化定制。未来的教学资源将更加注重个性化定制，满足不同学生的学习需求和发展潜力。

（2）智能化推荐。利用人工智能等技术实现教学资源的智能推荐和匹配，提高资源利用效率和学习效果。

（3）跨界融合。教学资源数字化与网络化将与其他领域进行跨界融合，如虚拟现实（VR）、增强现实（AR）等技术的应用将为学生提供更加真实、生动的学习体验。

（4）持续更新。随着学科知识的不断更新和发展，教学资源也需要进行持续更新和维护，以保持其时效性和准确性。

四、软件平台的测试与优化

（一）软件平台测试的重要性

软件平台测试是软件开发过程中至关重要的环节，它直接关系到软件的质量、稳定性和用户体验。通过测试，可以发现软件中的缺陷、错误和性能瓶颈，从而确保软件在实际运行中的可靠性和高效性。

1. 提升软件质量

软件平台测试通过模拟各种使用场景和用户行为，对软件进行全面、细致的检查。这有助于发现软件中的潜在问题，如逻辑错误、功能缺陷、界面问题等，从而提升软件的整体质量。

2. 保障用户体验

用户是软件最终的使用者，他们的体验感受是衡量软件成功与否的关键因素。通过测试，可以发现并修复影响用户体验的问题，如界面不友好、操作不便捷、响应速度慢等，从而提升用户的满意度和忠诚度。

3. 降低运维成本

未经充分测试的软件在上线后往往会出现各种问题，导致运维人员需要花费大量时间和精力进行故障排查和修复。通过测试，可以在上线前发现和解决大部分问题，从而降低运维成本，提高系统的稳定性和可用性。

（二）软件平台测试的流程与方法

软件平台测试需要遵循一定的流程和方法，以确保测试的全面性和有效性。

1. 制订测试计划

在测试开始前，需要制订详细的测试计划，包括测试目标、测试范围、测试环境、测试数据、测试人员等。测试计划应根据项目的实际情况和需求进行制订，确保测试的针对性和有效性。

2. 编写测试用例

测试用例是测试过程中用于描述测试场景和预期结果的文档。编写测试用例时需要考虑各种使用场景和用户行为，确保测试用例的全面性和覆盖性。

3. 执行测试

按照测试计划和测试用例执行测试，记录测试结果和问题。测试过程中需要关注软件的性能、功能、安全性等方面，确保软件在各种情况下都能正常运行。

4. 编写测试报告

测试完成后需要编写测试报告，总结测试结果和问题，提出改进建议和修复方案。测试报告应客观、准确、全面地反映测试情况，为项目决策提供有力支持。

（三）软件平台优化的策略与技术

软件平台优化是指通过技术手段和管理方法提高软件的性能和稳定性，降低运行成本和维护成本。

1. 性能优化

性能优化是软件平台优化的重要方面，包括代码优化、数据库优化、网络优化等。通过优化代码结构、减少内存占用、提高数据处理速度等方式，可以提升软件的响应速度和吞吐量。

2. 安全性优化

安全性是软件平台必须考虑的重要因素。通过加密传输、用户认证、访问控制等手段，可以提高软件的安全性，防止数据泄露和非法访问。

3. 可维护性优化

可维护性是软件平台长期稳定运行的关键。通过模块化设计、代码注释、文档编写等方式，可以提高软件的可读性和可维护性，降低维护成本和风险。

（四）软件平台测试与优化的持续改进

软件平台测试与优化是一个持续改进的过程，需要不断跟踪和评估软件的性能和稳定性，及时发现问题并进行修复和优化。

1. 监控与评估

通过监控工具对软件平台进行实时监控和评估，包括性能监控、安全监控、日志分析等。这有助于及时发现潜在的问题和风险，为优化提供依据。

2. 反馈与迭代

根据测试结果和用户反馈，及时修复软件中的缺陷和问题，并进行迭代更新。同时，还需要关注新技术和新方法的发展，不断引入新的优化手段和技术，提高软件的性能和稳定性。

3. 团队协作与沟通

软件平台测试与优化需要团队协作和沟通，包括测试人员、开发人员、运维人员等。通过有效的沟通和协作，可以及时发现和解决问题，提高测试与优化的效率和质量。

第四节　平台的教学应用与拓展

一、在线实验与远程教学功能的重要性

随着信息技术的迅猛发展，物联网和单片机技术在教学领域的应用日益广泛。在线实验与远程教学功能作为物联网单片机教学平台的核心组成部分，其重要性不言而喻。

（一）提升教学灵活性与便捷性

在线实验与远程教学功能极大地提升了教学的灵活性与便捷性。传统教学中，学生需要在实验室进行实验操作，受到时间和空间的限制。而在线实验功能允许学生通过网络随时随地访问虚拟实验环境，进行实验操作。这种灵活性使得学生可以自由安排学习时间，提高学习效率。同时，远程教学功能使得教师可以突破地域限制，为更多学生提供高质量的教学资源，实现优质教育资源的共享。

（二）丰富教学手段与教学方法

在线实验与远程教学功能为教学提供了更加丰富多样的教学手段和教学方法。教师可以通过在线平台发布实验任务、提供实验指导、批改实验报告等，实现与学生之间的互动交流。同时，学生可以通过在线平台观看实验演示视频、下载实验资料、参与在线讨论等，加深对实验原理和操作技能的理解。这种多样化的教学手段和教学方法有助于激发学生的学习兴趣和积极性，提高学习效果。

（三）增强实验安全性与可重复性

在线实验功能通过虚拟实验环境模拟真实的实验场景，降低了实验过程中的安全风险。在传统实验中，学生可能会因为操作不当或设备故障等原因导致实验失败或安全事故。而在线实验环境中，学生可以在不接触真实设备的情况下进行实验操作，降低了实验风险。此外，在线实验环境具有可重复性，学生可以反复进行实验操作，加深对实验原理的理解。

（四）促进教学资源的共享与交流

在线实验与远程教学功能促进了教学资源的共享与交流。教师可以通过在线平台发布自己的教学资源和经验分享，与其他教师进行交流和合作。学生也可以通过在线平台获取更多的学习资源和信息，拓宽自己的知识面和视野。这种资源的共享与交流有助于形成良好的学术氛围和教学环境，推动教育事业的不断发展。

二、虚拟仿真与实验数据分析

（一）虚拟仿真在单片机教学中的作用

虚拟仿真技术在单片机教学中扮演着至关重要的角色，其应用为学习者提供了一个安全、高效、灵活的实践环境。

1. 安全性与风险降低

单片机实验通常涉及复杂的电路和电压操作，对于初学者来说，存在较大的安全风险。而虚拟仿真技术能够在计算机上模拟真实的实验环境，使学习者无须接触实际电路即可进行实验操作，从而大大降低了实验过程中的安全风险。

2. 高效性与便捷性提升

虚拟仿真技术具有高效性和便捷性。学习者可以随时随地通过网络访问虚拟仿真平台，进行实验操作和学习。与传统实验相比，虚拟仿真实验无须准备实验器材和搭建实验环境，节省了大量时间和精力。此外，虚拟仿真实验还具有快速恢复和重置实验环境的功能，使得学习者能够迅速调整实验参数和条件，进行多次实验尝试。

3. 灵活性与个性化学习

虚拟仿真技术为学习者提供了灵活性和个性化的学习体验。学习者可以根据自己的学习进度和兴趣，选择适合自己的实验内容和难度。同时，虚拟仿真实验还支持多用户同时在线操作，学习者可以与同学或老师进行实时交流和协作，共同解决实验问题。

（二）实验数据分析的意义与方法

实验数据分析是单片机学习中不可或缺的一部分，通过对实验数据的分析和处理，学习者可以深入了解实验原理和操作过程，提高实验效果和学习质量。

1. 实验数据分析的意义

实验数据分析有助于学习者发现实验中的规律和问题。通过对实验数据的收集、整理和分析，学习者可以发现实验中的异常数据和趋势，从而深入了解实验原理和操作过程中的问题。同时，实验数据分析还可以帮助学习者验证理论知识的正确性，加深对知识点的理解和掌握。

2. 实验数据分析的方法

实验数据分析的方法多种多样，包括统计分析、图形分析、比较分析等。学习者可以根据实验数据和需求选择合适的分析方法。例如，可以使用统计分析方法计算实验数据的平均值、标准差等指标，了解数据的分布和变化规律；可以使用图形分析方法绘制数据图表，直观地展示数据之间的关系和趋势；可以使用比较分析方法对不同实验条件下的数据进行比较，发现不同条件对实验结果的影响。

（三）虚拟仿真与实验数据分析的整合应用

将虚拟仿真技术与实验数据分析相结合，可以进一步提升单片机教学的效果和质量。

1. 实时数据分析与反馈

在虚拟仿真实验过程中，可以实时收集和分析实验数据，为学习者提供即时的反馈和指导。通过对实验数据的实时分析，教师可以及时发现学习者的操作问题和困难，并给予相应的指导和帮助。同时，学习者也可以通过实时数据分析了解自己的实验进度和效果，及时调整学习策略和方法。

2. 数据分析工具与平台的集成

将数据分析工具与虚拟仿真平台进行集成，可以实现数据的自动化处理和分析。通过集成数据分析工具，学习者可以方便地对实验数据进行导入、处理和分析，并生成相应的报告和图表。这种集成化的数据分析工具可以大大提高数据分析的效率和准确性，为学习者提供更加便捷和高效的学习体验。

（四）虚拟仿真与实验数据分析的教学挑战与展望

尽管虚拟仿真与实验数据分析在单片机教学中具有显著的优势和潜力，但在实际应用中也面临一些挑战和限制。

1. 技术挑战与限制

虚拟仿真技术和数据分析技术的发展水平直接影响其在教学中的应用效果。

目前，虽然虚拟仿真技术和数据分析技术已经取得了显著进展，但仍存在一些技术难题和限制，如仿真精度不高、数据分析方法不够丰富等。未来需要不断推动技术的创新和发展，提高虚拟仿真和数据分析的准确性和效率。

2. 教学设计与应用的创新

如何有效地将虚拟仿真与实验数据分析融入教学设计，使其更好地服务于教学目标和学生学习需求，是当前面临的重要问题。未来需要不断探索和创新教学设计和应用方法，如引入项目式学习、案例式学习等新型教学模式，促进学习者对知识的深入理解和应用。

3. 教育资源的共享与开放

虚拟仿真与实验数据分析的应用需要大量的教育资源和数据支持。未来需要加强教育资源的共享和开放，建立开放共享的教育资源平台和数据仓库，为学习者提供更加丰富和优质的学习资源和服务。同时，要加强教育资源的版权保护和管理，确保教育资源的合法性和可持续性使用。

三、学生作品展示与交流平台

（一）平台对学生学习的激励作用

学生作品展示与交流平台在促进学生学习动力方面扮演着重要角色。

（1）平台为学生提供了一个展示自我、表达创意的舞台，让他们能够将自己的学习成果和创新思维公之于众。这种展示能够增强学生的自信心和成就感，从而激发他们的学习热情。

（2）平台上的作品展示可以激发学生之间的竞争意识。学生们在欣赏他人作品的同时，也会不自觉地与自己的作品进行对比，这种比较心理会促使他们更加努力地学习，提升自己的作品质量。此外，平台上的优秀作品还可以作为学习榜样，为其他学生提供学习方向和动力。

（3）学生作品展示与交流平台为学生提供了与他人交流和学习的机会。学生们可以通过平台上的留言、评论等方式与其他同学或老师进行互动，分享自己的学习心得和创作经验。这种交流不仅能够帮助学生解决学习中的困惑，还能够拓宽他们的视野和思路，促进知识的传播和共享。

（二）平台对学生创新能力的培养

学生作品展示与交流平台在培养学生创新能力方面具有独特优势。

（1）平台鼓励学生展示自己的创新思维和创意作品，这种鼓励机制能够激发学生的创新意识和创造力。学生们在创作过程中需要不断尝试新的想法和方法，这种过程本身就是一种创新能力的培养。

（2）平台上的作品展示和交流能够为学生提供更多的灵感和启发。学生们在欣赏他人作品的过程中，可以学习到不同的创意和表现方式，从而拓宽自己的创作思路。同时，平台上的交流和互动也能够激发学生的思维碰撞和灵感迸发，促进创新思维的产生和发展。

（3）平台还能够为学生提供更多的实践机会和挑战。学生们在创作作品的过程中需要不断解决各种问题和困难，这种实践过程能够培养他们的问题解决能力和创新思维。同时，平台上的作品展示和竞赛等活动也能够为学生提供更多的挑战和机会，激发他们的竞争意识和创新动力。

（三）平台对教学资源的整合与共享

学生作品展示与交流平台在整合和共享教学资源方面具有重要作用。

（1）平台上的作品展示本身就是一种教学资源的共享。学生们可以通过平台欣赏到来自不同学校和地区的优秀作品，这种资源共享有助于拓宽学生的视野和知识面。

（2）平台还能够促进教学资源的整合和优化。学校和教育机构可以通过平台收集和整理学生的优秀作品和教学资源，形成丰富的教学资源库。这些资源可以用于课堂教学、实验教学等多个环节，提高教学效果和质量。

（3）平台还能够促进教师之间的交流和合作。教师可以通过平台分享自己的教学经验和资源，与其他教师进行交流和讨论。这种交流和合作有助于促进教学方法和策略的创新和发展，提高教师的教学水平和能力。

（四）平台对学生综合素质的提升

学生作品展示与交流平台在提升学生综合素质方面具有积极作用。

（1）平台能够培养学生的团队协作能力和沟通能力。在创作作品的过程中，学生们需要与同学或老师进行合作和交流，这种合作和交流能够培养他们的团队协作能力和沟通能力。

（2）平台能够培养学生的批判性思维和独立思考能力。在欣赏他人作品的过程中，学生们需要对作品进行评价和分析，这种评价和分析能够培养他们的批判性思维和独立思考能力。同时，平台上的交流和互动也能够激发学生的思维碰撞和独立思考，促进他们的个性发展和创新思维。

（3）平台还能够培养学生的文化素养和审美能力。通过欣赏不同领域和风格的作品，学生们能够接触到更广泛的文化和艺术形式，从而提升自己的文化素养和审美能力。这种提升不仅能够帮助学生更好地理解和欣赏艺术作品，还能够促进他们的全面发展。

四、教学平台与企业需求的对接

（一）对接企业需求，提升教学质量

教学平台与企业需求的对接，首先能够显著提升教学质量。企业作为市场的主体，对人才的需求具有直接和明确的指向性。通过将教学平台与企业需求紧密结合，教育机构可以更加精准地把握市场对人才的需求动态，及时调整教学内容和方向，使教育内容与市场需求相契合。这不仅可以提高学生的就业率，更能确保学生在毕业后能够快速适应工作岗位，发挥所学知识的实际应用价值。

在教学过程中，通过引入企业实际案例和项目，教师可以让学生亲身体验真实的工作环境和挑战，培养学生的实践能力和创新思维。这种教学模式使学生更加了解企业的工作流程和标准，提高学生对职业的认知和兴趣，从而激发学生的学习动力。

（二）加强校企合作，促进资源共享

教学平台与企业需求的对接，有助于加强校企合作，促进资源共享。通过与企业建立合作关系，教育机构可以获得更多的实践机会和教学资源，如企业导师、实习岗位、实验设备等。这些资源可以为学生提供更加真实和丰富的学习体验，提高学生的实践能力和职业素养。

企业也可以通过合作获得更多的人才和技术支持，促进自身的创新发展。校企双方的合作不仅可以实现优势互补、互利共赢，还能推动产学研用深度融合，为社会发展培养更多优秀人才。

（三）搭建人才培养与就业桥梁

教学平台与企业需求的对接，为学生搭建了一座人才培养与就业的桥梁。通过与企业建立紧密的合作关系，教育机构可以为学生提供更多的实习和就业机会，帮助学生了解企业的用人需求和职业发展路径。同时，企业也可以通过合作了解学生的学习情况和能力水平，为招聘优秀人才提供有力支持。

这种对接机制使人才培养和就业更加紧密地结合在一起，实现了教育与市场的有效衔接。学生在校期间就能够积累实践经验、提升职业素养，为未来的职业发展奠定坚实的基础。企业也能够通过合作获得更多符合自身需求的人才，推动企业的持续发展。

（四）推动教学改革与创新

教学平台与企业需求的对接，有助于推动教学改革与创新。随着社会的不断发展和技术的不断进步，市场对人才的需求也在不断变化。为了适应这种变化，教育机构需要不断更新教学内容和教学方法，以满足企业的用人需求。

通过与企业的紧密合作，教育机构可以更加深入地了解市场需求和行业动态，及时调整教学计划和课程设置。企业也可以为教育机构提供最新的技术动态和市场信息，帮助教育机构更新教学内容和教学方法。这种互动机制有助于推动教学改革和创新，使教育更加符合市场需求和社会发展需要。

此外，教学平台与企业需求的对接还可以促进教学模式的创新。通过引入企业导师和实习岗位等实践教学环节，教师可以采用更加灵活多样的教学方法和手段，如项目式教学、案例教学等。这些教学方法能够激发学生的学习兴趣和积极性，提高他们的实践能力和创新思维。企业也可以为教育机构提供更多的实践教学资源和技术支持，帮助教师改进教学方法和手段。这种互动机制有助于推动教学模式的创新和发展，提高教育质量和效果。

第五节　平台的维护与升级

一、日常运行与维护

在物联网单片机教学平台的日常运行与维护中，制订一套全面且细致的计划是至关重要的。

（一）硬件设备的巡检与保养

1. 定期巡检

物联网单片机教学平台依赖于各种硬件设备，如单片机开发板、传感器、执行器等。为了确保这些设备的正常运行，需要制订定期的巡检计划。巡检内容应包括设备的外观检查、接口连接状态、电源供应情况等。通过巡检，可以及时发现并解决潜在问题，避免设备故障对教学造成影响。

2. 保养与清洁

硬件设备的保养与清洁是延长其使用寿命的重要手段。应定期对设备进行除尘、去污处理，确保设备表面干净、整洁。同时，对于需要定期更换的部件，如电池、滤网等，应建立更换计划，确保及时更换。

3. 备份与替换

为应对硬件设备可能出现的故障，应建立设备备份与替换机制。对于关键设备，应准备备用设备，一旦出现故障，可迅速替换。同时，对于设备的固件和软件版本，应定期备份，以防数据丢失或版本升级失败。

（二）软件系统的更新与维护

1. 系统更新

随着技术的不断发展，物联网单片机教学平台的软件系统需要不断更新以适应新的教学需求和技术变化。应定期关注系统更新情况，及时下载并安装最新的系统补丁和升级包，以确保系统的稳定性和安全性。

2. 软件故障排查与修复

在教学过程中，软件系统可能会出现各种故障，如界面卡顿、功能失效等。

为了解决这些问题，需要建立故障排查与修复机制。当出现故障时，应及时记录故障现象和相关信息，并进行排查。对于已知的故障，可以参照已有的解决方案进行修复；对于未知的故障，则需要深入分析原因并寻求解决方案。

3. 软件功能优化与扩展

为了满足不同用户的教学需求，物联网单片机教学平台的软件系统需要不断优化和扩展功能。应关注用户反馈和需求变化，及时调整软件功能设计。同时，可以引入新的教学理念和技术手段，如虚拟仿真技术、大数据分析等，以丰富教学内容和提升教学效果。

（三）用户权限管理与安全保护

1. 用户权限管理

物联网单片机教学平台涉及大量用户数据和教学资源，因此需要建立严格的用户权限管理机制。根据用户的角色和职责，分配不同的权限和访问级别。同时，应定期审查用户权限设置，确保权限分配的合理性和安全性。

2. 数据备份与恢复

为了保障用户数据的安全性，需要建立数据备份与恢复机制。定期备份平台数据，确保数据不会因硬件故障、误操作等原因而丢失。同时，应建立数据恢复流程，以便在数据丢失或损坏时能够迅速恢复。

3. 网络安全防护

物联网单片机教学平台面临网络安全威胁的风险较高，因此需要加强网络安全防护。采用防火墙、入侵检测系统等安全设备和技术手段，对平台进行全面防护。同时，应定期进行安全漏洞扫描和风险评估，及时发现并修复潜在的安全隐患。

（四）服务与支持体系建立

1. 用户支持服务

为了保障用户在使用物联网单片机教学平台过程中的顺利体验，需要建立用户支持服务体系。通过提供在线咨询、电话支持、邮件回复等多种服务方式，及时解答用户在使用过程中遇到的问题和困惑。

2. 培训与指导

为了帮助用户更好地使用物联网单片机教学平台，需要提供培训和指导服务。通过组织线上或线下的培训课程、制作教学视频和教程等方式，向用户介绍平台的使用方法和技巧。同时，可以提供一对一的指导和帮助，确保用户能够充分发挥平台的教学价值。

3. 反馈与改进

用户反馈是改进物联网单片机教学平台的重要依据。应建立用户反馈机制，鼓励用户提出宝贵的意见和建议。对于用户反馈的问题和需求，应及时响应并改进平台功能和服务质量。同时，可以定期收集用户满意度数据，以评估平台的教学效果和用户满意度水平。

二、安全漏洞的检测与修复

在物联网单片机教学平台的运行过程中，安全漏洞的检测与修复是确保平台安全稳定运行的关键环节。

（一）安全漏洞检测的重要性

1. 保障平台安全

安全漏洞是黑客攻击和恶意软件入侵的突破口，通过安全漏洞检测，可以及时发现平台中存在的安全隐患，从而采取相应措施进行修复，保障平台的安全稳定运行。

2. 遵守法律法规

随着网络安全法规的不断完善，对平台安全性的要求也越来越高。通过安全漏洞检测，可以确保平台符合相关法律法规的要求，避免因安全问题而面临法律风险和处罚。

3. 提升用户信任度

安全漏洞的存在会降低用户对平台的信任度，影响平台的声誉和用户体验。通过及时检测和修复安全漏洞，可以提升用户对平台的信任度，增强平台的竞争力和市场地位。

（二）安全漏洞检测的方法

1. 漏洞扫描

利用专业的漏洞扫描工具对平台进行全面扫描，检测平台中可能存在的安全漏洞。漏洞扫描工具能够自动化地识别和分析平台中的安全隐患，并提供详细的漏洞报告。

2. 渗透测试

通过模拟黑客攻击的方式，对平台进行渗透测试，以发现平台中可能存在的安全漏洞。渗透测试可以全面评估平台的安全性，并提供针对性的修复建议。

3. 安全审计

对平台的代码、配置、日志等进行安全审计，检查是否存在安全漏洞或配置错误。安全审计可以发现一些隐蔽的安全问题，并提供专业的修复建议。

（三）安全漏洞修复的流程

1. 漏洞确认

对检测到的安全漏洞进行确认，确保漏洞的真实性和严重性。同时，对漏洞进行分类和评估，确定修复的优先级和紧急程度。

2. 漏洞修复

根据漏洞的特性和修复建议，制定详细的修复方案，并对漏洞进行修复。修复过程中需要确保不会对平台的正常运行造成影响，并进行充分的测试验证。

3. 漏洞验证

在漏洞修复完成后，进行漏洞验证，确保漏洞已经被成功修复，并且没有引入新的安全问题。同时，对修复过程进行总结和评估，以优化修复流程和提高修复效率。

（四）安全漏洞修复后的管理

1. 漏洞追踪

建立漏洞追踪机制，对已经修复的漏洞进行持续追踪和监控，确保漏洞不会再次出现。同时，对新的安全漏洞进行及时检测和修复。

2. 安全加固

在漏洞修复的基础上，对平台进行安全加固，提高平台的安全性和防护能力。例如，加强用户权限管理、加强数据加密和传输安全等。

3. 安全培训

通过安全培训提高平台管理员和用户的安全意识，让他们了解如何防范和应对安全漏洞。同时，建立安全事件应急响应机制，确保在发生安全事件时能够迅速响应和处理。

三、新功能的开发与升级

在物联网单片机教学平台的持续发展中，新功能的开发与升级是不断满足用户需求、提升平台竞争力的重要途径。

（一）需求分析与市场调研

1. 用户需求调研

在新功能的开发之前，深入了解用户需求是至关重要的。通过调查问卷、用户访谈、社区讨论等多种方式，收集用户对当前平台的反馈和期望，明确新功能开发的方向和目标。

2. 市场趋势研究

除了用户需求，还需要关注物联网和单片机领域的市场趋势。通过市场调研和竞品分析，了解行业内的最新动态和趋势，为新功能开发提供有力的市场依据。

3. 需求整合与优先级排序

将收集到的用户需求和市场趋势进行整合，根据平台的战略目标和资源状况，对新功能进行优先级排序。确保先开发那些对用户和平台价值最大的功能。

（二）设计与开发

1. 功能设计

在明确了新功能的开发方向后，进行详细的功能设计。设计包括界面设计、交互设计、算法设计等，确保新功能既符合用户需求，又具有良好的用户体验。

2. 技术选型与架构设计

根据功能需求和技术趋势，选择合适的技术栈和框架进行开发。同时，进行系统的架构设计，确保新功能的稳定性和可扩展性。

3. 开发与测试

按照设计文档进行开发，并在开发过程中进行单元测试和集成测试，确保代码的质量和功能的正确性。在开发完成后，进行系统的性能测试和兼容性测试，确保新功能在各种环境下都能稳定运行。

（三）新功能上线与推广

1. 上线前的准备

在新功能上线前，进行充分的测试验证，确保功能稳定可靠。同时，编写用户手册和教程，帮助用户快速熟悉和掌握新功能。

2. 功能发布与宣传

通过平台公告、邮件通知、社交媒体等多种渠道，向用户发布新功能。同时，进行新功能的宣传和推广，提高用户对新功能的认知度和接受度。

3. 用户反馈与调整

在新功能上线后，密切关注用户反馈和使用情况。对于用户反馈的问题和建议，及时进行调整和优化，确保新功能能够满足用户的期望和需求。

（四）功能迭代与优化

1. 数据分析与优化

通过收集和分析用户对新功能的使用数据，了解用户的使用习惯和偏好。根据数据分析结果，对新功能进行优化和改进，提升用户体验和满意度。

2. 迭代开发

根据用户反馈和市场变化，对新功能进行迭代开发。通过不断添加新特性和优化现有功能，使平台始终保持竞争力和吸引力。

3. 持续改进与创新

在功能迭代的过程中，注重持续改进和创新。不断探索新的技术和理念，将其应用到平台中，推动平台不断向前发展。同时，保持对市场和用户的敏锐洞察力，及时捕捉新的需求和机会，为平台注入新的活力。

四、用户反馈的收集与处理

在物联网单片机教学平台的运营过程中，用户反馈的收集与处理是提升平台质量、优化用户体验的重要环节。

（一）用户反馈的收集渠道

1. 设立用户反馈渠道

为了有效地收集用户反馈，需要设立多种用户反馈渠道，这包括在线反馈表单、用户社区论坛、电子邮件、社交媒体等，确保用户能够方便地提出他们的意见和建议。

2. 鼓励用户参与

为了提高用户参与反馈的积极性，可以通过多种方式鼓励用户参与。例如，设立奖励机制，对提供有价值反馈的用户给予一定的奖励；或者定期举办用户调研活动，主动收集用户意见。

3. 渠道整合与统一管理

为了方便对收集到的用户反馈进行统一管理和分析，需要将各个渠道的反馈信息进行整合。建立一个用户反馈管理系统，将所有渠道的反馈集中到一个平台上，方便后续的处理和分析。

（二）用户反馈的分类与分析

1. 反馈分类

将收集到的用户反馈进行分类，以便更好地理解和处理。分类可以按照问题的性质、严重程度、涉及的功能模块等进行。通过分类，可以清晰地看到哪些问题是普遍存在的，哪些问题是紧急需要解决的。

2. 数据分析

对分类后的用户反馈进行数据分析，以了解用户反馈的整体趋势和分布情况。这可以通过统计图表、趋势分析等方式进行。通过数据分析，可以发现用户反馈中的共性问题，为后续的改进提供依据。

3. 识别关键问题

在数据分析的基础上，识别出用户反馈中的关键问题。这些问题可能是影响用户体验的瓶颈，也可能是平台需要重点改进的地方。通过识别关键问题，可以明确后续工作的方向和重点。

（三）用户反馈的处理与回复

1. 快速响应

对于用户反馈，需要尽快进行响应。这不仅可以提高用户的满意度，还可以增强用户对平台的信任感。对于紧急问题，需要立即进行处理；对于一般问题，也需要在合理的时间内给予回复。

2. 详细解释与解决方案

在回复用户反馈时，需要给出详细的解释和解决方案。对于用户提出的问题，需要解释清楚问题的原因和背景；对于提出的建议，需要说明是否采纳以及采纳后的改进措施。通过详细的解释和解决方案，可以让用户感受到平台的诚意和专业性。

3. 跟踪与反馈

对于已经处理的问题，需要进行跟踪和反馈。确保问题得到彻底解决，并询问用户是否满意。对于未解决的问题，需要说明原因和后续的处理计划。通过跟踪和反馈，可以建立起与用户的良好沟通机制，提高用户满意度和忠诚度。

（四）用户反馈的利用与改进

1. 改进产品与服务

用户反馈是改进产品与服务的宝贵资源。通过分析用户反馈，可以发现产品与服务中存在的问题和不足，从而进行针对性的改进。例如，优化用户界面、改进功能设计、提高服务质量等。

2. 提升用户体验

用户反馈的收集与处理是提升用户体验的重要途径。通过不断收集和处理用户反馈，可以及时发现并解决用户在使用过程中遇到的问题和困惑，从而提升用户体验和满意度。

3. 推动平台发展

用户反馈的利用与改进不仅可以提升产品与服务的质量和用户体验，还可以推动平台的发展。通过不断优化和改进平台的功能和服务，可以吸引更多的用户加入平台，提高平台的竞争力和市场地位。用户反馈的收集与处理也是平台与用户之间建立良好关系的重要桥梁，有助于增强用户对平台的信任感和忠诚度。

第五章　物联网单片机在线教学资源开发

第一节　在线教学资源的类型与特点

一、教学资源的形式分类

（一）文本资源

文本资源是在线教学资源的基础，包括教材、讲义、教学案例、习题集等。在物联网单片机教学中，文本资源能够提供系统的理论知识，帮助学生构建完整的知识框架。这些资源通常以 PDF、Word、HTML 等格式呈现，便于学生在线阅读和下载。文本资源的优势在于信息量大、可编辑性强，但缺乏直观性和互动性。

物联网单片机教学的文本资源应涵盖基础知识、应用案例、实验指导等方面。例如，可以编写专门的物联网单片机教材，结合物联网技术的最新发展，介绍单片机的基本原理、编程方法、接口技术等。同时，可以编写与教材配套的习题集和实验指导书，帮助学生巩固所学知识，提高实践能力。

（二）视频资源

视频资源是在线教学资源的重要组成部分，具有直观、生动、易理解的特点。在物联网单片机教学中，视频资源可以展示实验过程、操作演示、案例分析等内容，帮助学生更好地理解和掌握知识点。视频资源通常以 MP4、AVI 等格式呈现，支持在线播放和下载。

开发物联网单片机视频资源时，应注重实验演示和案例分析。可以录制教师实验操作的视频，展示单片机与各种传感器、执行器的连接方法和编程过程。同时，可以制作案例分析视频，结合实际应用场景，介绍物联网单片机系统的设计和实现方法。这些视频资源能够激发学生的学习兴趣，提高学习效果。

（三）互动资源

互动资源是在线教学资源的重要补充，能够增加学生的参与度和学习兴趣。在物联网单片机教学中，互动资源包括在线测试、模拟实验、论坛讨论等。这些资源通过在线平台提供给学生，支持学生与教师、学生与学生之间的交流和互动。

互动资源的开发应注重实用性和趣味性。可以设计在线测试系统，让学生在完成学习任务后进行自我评估。同时，可以开发模拟实验软件，让学生在虚拟环境中进行单片机编程和调试。此外，可以建立论坛或讨论区，让学生分享学习心得、交流经验、解答疑惑。这些互动资源能够提高学生的学习积极性和主动性，促进知识的内化和应用。

（四）实践资源

实践资源是在线教学资源的重要组成部分，能够帮助学生将理论知识应用于实际操作。在物联网单片机教学中，实践资源包括实验指导书、实验设备、实验案例等。这些资源通过在线平台提供给学生，支持学生进行实验操作和项目开发。

实践资源的开发应注重实用性和可操作性。可以编写详细的实验指导书，介绍实验目的、原理、步骤和注意事项。同时，可以提供实验设备清单和实验案例，让学生了解实验所需设备和实验过程。此外，可以建立在线实验预约系统，方便学生预约实验时间和地点。这些实践资源能够帮助学生掌握实验技能和方法，提高实践能力和创新能力。

二、各类资源的教学特点

（一）文本资源的教学特点

文本资源在物联网单片机教学中扮演着基石的角色，其教学特点主要体现在以下几个方面：

（1）文本资源具有系统性。通过教材、讲义等文本资源，学生可以系统地学习物联网单片机的基础知识、原理和应用方法。这些资源经过精心编排和组织，能够帮助学生构建完整的知识体系，为后续的学习和实践打下坚实的基础。

（2）文本资源具有可编辑性。与视频、音频等多媒体资源相比，文本资源更易于编辑和修改。教师可以根据学生的实际情况和教学需求，对文本资源进行适当的调整和补充。这种灵活性使得文本资源能够更好地适应不同学生的学习需求和教学环境。

（3）文本资源还具有一定的权威性。教材、讲义等文本资源通常由专家学者编写，具有较高的权威性和可信度。学生在学习这些资源时，可以更加放心地相信其中的内容，避免受到一些不准确或误导性的信息的影响。

（二）视频资源的教学特点

视频资源在物联网单片机教学中具有直观、生动的教学特点，主要体现在以下几个方面：

（1）视频资源具有直观性。通过视频资源，学生可以直观地看到实验过程、操作演示等内容，更加深入地理解物联网单片机的原理和应用方法。这种直观性有助于学生更好地掌握知识点，提高学习效果。

（2）视频资源具有生动性。视频资源通常配有声音、图像等多种元素，能够给学生带来更加丰富的感官体验。这种生动性能够激发学生的学习兴趣和积极性，提高学习的趣味性和吸引力。

（3）视频资源还具有可重复性。学生可以根据自己的学习进度和理解程度，反复观看视频资源中的关键部分或难点内容。这种可重复性有助于学生更好地掌握知识点，加深对知识的理解和记忆。

（4）视频资源还具有互动性。通过在线视频平台或社交媒体等工具，学生可以与教师或其他学习者进行交流和互动。这种互动性能够帮助学生解决学习中遇到的问题和困惑，促进知识的共享和交流。

（三）互动资源的教学特点

互动资源在物联网单片机教学中具有参与度高、反馈及时的教学特点，主要体现在以下几个方面：

（1）互动资源能够提高学生的参与度。通过在线测试、模拟实验等互动资源，学生可以积极参与学习过程，与教师和其他学习者进行交流和互动。这种参与度有助于激发学生的学习兴趣和积极性，提高学习的效果和质量。

（2）互动资源能够提供及时的反馈。在线测试系统可以即时给出学生的测试结果和反馈意见，帮助学生及时了解自己的学习情况和不足之处。这种及时的反馈有助于学生及时调整学习策略和方法，提高学习的针对性和效率。

（3）互动资源还能够促进学生的合作学习。通过论坛、讨论区等互动平台，学生可以分享自己的学习心得、交流经验、解答疑惑。这种合作学习有助于促进学生之间的交流和合作，提高学习的效果和质量。

（4）互动资源还能够培养学生的自主学习能力。通过互动资源提供的自主学习工具和平台，学生可以自主制订学习计划、选择学习内容、安排学习时间。这种自主学习能力有助于学生更好地适应未来的学习和工作环境。

（四）实践资源的教学特点

实践资源在物联网单片机教学中具有实践性强、操作性高的教学特点，主要体现在以下几个方面：

（1）实践资源能够帮助学生将理论知识应用于实际操作。通过实验指导书、实验设备等实践资源，学生可以在教师的指导下进行实验操作和项目开发。这种实践性有助于学生更好地理解和掌握物联网单片机的原理和应用方法。

（2）实践资源能够提高学生的操作能力。通过实验操作和项目开发等实践活动，学生可以锻炼自己的动手能力和解决问题的能力。这种操作能力有助于学生更好地适应未来的工作环境和职业发展。

（3）实践资源还能够培养学生的创新意识和创新能力。在实践过程中，学生需要不断思考和创新，寻找解决问题的新方法和新思路。这种创新意识和创新能力有助于学生更好地应对未来的挑战和机遇。

（4）实践资源还能够帮助学生建立实践经验库。通过实验操作和项目开发的实践过程，学生可以积累丰富的实践经验和方法。这些实践经验和方法可以为学生的未来学习和工作提供有力的支持和帮助。

三、在线资源的优势与局限性

（一）在线资源的优势

1. 便利性

在线资源最大的优势在于其便利性。学生可以通过互联网随时随地访问各种在线资源，不会受到传统实体课堂的限制。这种便利性不仅体现在学习时间的灵活性上，还体现在学习地点的多样性上。学生可以在家中、图书馆、咖啡馆等任何有网络连接的地方进行学习，极大地提高了学习的便捷性和效率。

此外，在线资源还可以帮助学生随时随地回顾和巩固所学知识。学生可以根据自己的学习进度和需要，随时访问在线资源库，查找相关的学习资料和练习题，加深对知识的理解和记忆。

2. 丰富性

在线资源通常涵盖了广泛的学科领域和知识点，提供了大量的学习材料和资源。这些资源包括教材、课件、视频教程、在线课程、模拟实验等，能够满足不同学生的学习需求和兴趣。学生可以根据自己的学习目标和兴趣点，选择适合自己的学习资源和方式，实现个性化学习。

此外，在线资源还可以提供实时更新的信息和知识。随着科技的不断发展和进步，新的知识和技术不断涌现。在线资源能够及时反映这些变化，为学生提供最新的学习内容和信息，帮助学生跟上时代的步伐。

3. 互动性

在线资源通常具有强大的互动性。学生可以通过在线论坛、社交媒体、即时通信工具等方式与其他学习者或教师进行交流和互动。这种互动性有助于学生解决学习中遇到的问题和困惑，促进知识的共享和交流。同时，学生还可以通过参与在线讨论和协作项目等方式，培养自己的合作精神和团队协作能力。

4. 自主性

在线资源强调学生的自主性和主动性。学生可以根据自己的学习进度和兴趣点，自主选择学习资源和方式，制订个性化的学习计划。这种自主性有助于激发学生的学习兴趣和积极性，提高学习的效果和质量。同时，学生还可以通过在线测试和评估等方式，及时了解自己的学习情况和进步程度，从而更好地调整自己的学习策略和方法。

（二）在线资源的局限性

1. 技术依赖性

在线资源对技术的依赖性较高。学生需要具备一定的计算机和网络技能才能有效地利用在线资源进行学习。同时，学生还需要有稳定的网络连接和良好的硬件设备才能确保在线学习的顺畅进行。在一些地区或环境下，这些条件可能无法得到满足，从而限制了在线资源的利用效果。

2. 学习质量难以保证

由于在线学习缺乏面对面的交流和互动，学生的学习质量难以得到有效的监督和保证。学生可能会因为缺乏自律或监督而降低学习效率和质量。同时，一些在线资源的质量也可能参差不齐，存在一些不准确或误导性的信息，需要学生进行筛选和辨别。

3. 社交互动受限

虽然在线资源具有一定的互动性，但与传统课堂相比，其社交互动仍然受到一定的限制。学生可能无法像在传统课堂中那样与同学和教师进行面对面的交流和互动，导致一些社交技能的锻炼和发展受到一定的影响。此外，一些需要团队合作和协作的项目也可能因为在线学习的限制而难以开展。

4. 缺乏及时反馈

与传统课堂相比，在线学习可能缺乏及时的反馈和评估。学生可能无法及时得到教师或其他学习者的反馈和建议，导致一些学习问题无法得到及时的解决和纠正。同时，一些在线测试和评估也可能存在评分不准确或反馈不及时的问题，影响学生的学习效果和积极性。

四、在线资源的适用场景与对象

（一）灵活学习需求的场景

在线资源适用于那些需要灵活学习时间和空间的场景。对于成年人来说，他们往往因为工作、家庭或其他原因无法参加传统的全日制课程。在线资源提供了极大的便利性，使得他们可以在工作之余、晚上或周末等空闲时间进行学习。此外，对于偏远地区的学生，由于地理位置的限制，他们难以接触到优质的教育资源。在线资源通过网络平台，打破了地域限制，使得这些学生也能够获得高质量的教育资源。

对于学习灵活性的需求，在线资源也提供了多种解决方案。学生可以根据自己的学习进度和理解能力，自主调整学习节奏和深度。例如，他们可以重复观看教学视频、参加在线讨论或进行模拟测试，以巩固和加深对知识点的理解。这种个性化的学习方式有助于满足不同学生的学习需求，提高学习效果。

（二）自主学习与终身学习的对象

在线资源尤其适用于那些具有自主学习能力和终身学习需求的学生。这些学生通常具有较强的自我驱动力和学习能力，他们能够独立地选择学习内容和资源，制订学习计划，并监控自己的学习进度。在线资源提供了丰富的学习材料和工具，支持学生进行自主学习和探究。

此外，随着社会的不断发展和变化，终身学习的理念越来越受到重视。在线资源为终身学习提供了便捷的途径。无论是职场人士需要更新技能，还是老年人想要学习新知识，他们都可以通过在线资源来满足自己的学习需求。这种灵活性和适应性使得在线资源成为终身学习的理想选择。

（三）特定技能提升与专业培训的场景

在线资源还适用于那些需要特定技能提升或专业培训的场景。例如，对于IT行业的从业者来说，他们需要不断学习新的编程语言和开发工具来保持竞争力。在线资源提供了大量的编程教程、技术文档和实战案例，帮助他们快速掌握新技能。

此外，对于一些专业领域如医学、法律等，在线资源也提供了丰富的专业培训和认证课程。这些课程通常由行业专家或专业机构提供，具有较高的权威性和可信度。学生可以通过这些课程来深入了解专业知识、提高实践能力和获取专业认证。

（四）协作学习与团队项目的对象

在线资源也适用于那些需要进行协作学习和团队项目的对象。在线协作工具如论坛、讨论区、共享文档等为学生提供了交流和合作的平台。他们可以在这些平台上分享学习心得、交流经验、解答疑惑，共同完成任务和项目。这种协作学习方式有助于培养学生的团队协作精神和沟通能力，提高学习效果和质量。

此外，一些在线平台还提供了团队项目管理和协作工具，帮助学生更好地组织和实施团队项目。这些工具可以帮助团队成员明确任务分工、跟踪项目进度、管理文档和资料等，确保项目的顺利进行。这种全面的支持使得在线资源成为团队协作学习和项目管理的理想选择。

第二节　教学视频的设计与制作

一、视频内容的选题与策划

在物联网单片机的教学视频设计与制作中，选题与策划是至关重要的第一步。一个成功的选题与策划能够为后续的视频制作奠定坚实的基础，确保视频内容既具有教育性又能够吸引学生的注意力。

（一）需求分析

选题与策划需要基于学生的实际需求进行。物联网单片机作为一门涉及硬件、软件和网络通信等多个领域的综合性课程，学生的学习需求多种多样。因此，在选题时，需要深入了解学生的学习背景、知识基础和兴趣点，以确保选题内容能够与学生的实际需求相契合。通过问卷调查、访谈或观察等方式，可以收集到学生的反馈和意见，为选题提供有力的依据。

关注物联网单片机领域的最新发展趋势和应用场景。随着技术的不断进步和应用领域的拓展，新的知识点和案例不断涌现。选题时，应该充分考虑这些新内容，确保教学视频能够紧跟时代步伐，为学生提供最新的学习资源和信息。

（二）目标设定

在选题与策划阶段，明确教学目标是非常重要的。教学目标是教学活动的出发点和归宿，它指引着教学内容的选择、教学方法的运用和教学评价的实施。

（1）知识目标。让学生掌握物联网单片机的基本原理、硬件结构和软件编程方法等知识点。

（2）技能目标。培养学生的动手实践能力、问题解决能力和团队协作能力等技能。

（3）情感目标。激发学生的学习兴趣和求知欲，培养学生的创新精神和实践精神。

通过设定明确的教学目标，可以为后续的视频制作提供清晰的指导方向，确保视频内容能够有效地实现教学目标。

（三）内容组织

选题与策划还需要考虑内容的组织结构。一个好的内容组织能够帮助学生更好地理解和掌握知识点，提高学习效果。在物联网单片机的教学视频中，可以采用以下几种内容组织方式：

（1）模块化设计。将教学内容划分为若干个相对独立的模块，每个模块围绕一个核心知识点展开。这种设计方式有助于学生分阶段学习和掌握知识点，降低学习难度。

（2）案例分析。结合实际应用场景，选取具有代表性的案例进行分析和讲解。这种方式有助于学生更好地理解知识点的应用方法和实践价值。

（3）知识点串联。通过知识点之间的内在联系和逻辑关系，将各个知识点串联起来形成一个完整的知识体系。这种设计方式有助于学生形成系统化的知识结构和思维方式。

（四）评估与反馈

选题与策划阶段还需要考虑评估和反馈机制。评估和反馈是教学活动中不可或缺的一环，它能够帮助了解学生的学习情况和教学效果，为后续的改进提供依据。在教学视频的设计与制作中，采用以下几种评估和反馈方式：

（1）观看数据分析。通过收集和分析学生的观看数据（如观看时长、观看次数、暂停和回放等），了解学生对视频的关注度和兴趣点。这些数据可以为后续的改进和优化提供有力的支持。

（2）互动反馈。在视频中设置互动环节（如问题解答、讨论区等），鼓励学生提出问题和分享经验。通过收集和分析这些互动反馈，可以了解学生的学习困惑和需求，为后续的更新和补充提供方向。

（3）教学评价。通过问卷调查、作业评分等方式对学生的学习效果进行评价。这些评价结果可以反映视频的教学质量和效果，为后续的改进和优化提供重要的参考依据。

二、视频制作的技术要求

在物联网单片机教学视频的制作中，技术要求是保证视频质量、教学效果和传播效果的重要方面。

（一）录制设备与技术要求

（1）高清摄像设备。使用高清摄像机或专业级照相机进行录制，确保视频画面清晰、色彩还原度高。摄像机应具备稳定的拍摄性能，避免画面抖动或模糊。

（2）录音设备。采用专业级录音设备，确保声音清晰、无杂音。对于物联网单片机等技术类教学视频，语音解说应准确、清晰，易于学生理解。

（3）灯光与照明。合理布置灯光，确保拍摄场地光线充足、均匀。避免过曝或过暗的画面，保证视频质量。

（4）拍摄环境。选择安静、整洁的拍摄环境，避免背景噪声和杂物干扰。同时，确保拍摄场地符合物联网单片机教学的实际需求。

（二）视频编辑与后期制作

（1）非线性编辑系统。使用专业的非线性编辑系统（如 Adobe Premiere，Final Cut Pro 等）进行视频剪辑、拼接和特效处理。确保视频剪辑流畅、画面过渡自然。

（2）音频处理。对录制的音频进行降噪、音量调整等处理，确保音频清晰、音质良好。在音频与视频的同步方面，应确保声音与画面同步，避免出现错位现象。

（3）字幕与标注。在视频中适当添加字幕和标注，帮助学生更好地理解和记忆知识点。字幕应清晰、准确，标注应简洁明了。

（4）导出格式与分辨率。根据目标平台和播放设备的要求，选择合适的视频导出格式和分辨率。通常建议选择高清（HD）或更高分辨率的视频格式，确保视频在不同平台上都能呈现出较好的画质。

（三）交互性与用户体验

（1）互动设计。在视频中加入互动环节（如提问、测验等），激发学生的学习兴趣和参与度。同时，通过互动环节收集学生的反馈和意见，为后续的视频改进提供依据。

（2）用户界面设计。确保视频播放器界面简洁、易用。提供清晰的播放控制按钮、进度条等，方便学生操作。

（3）视频加载速度。优化视频加载速度，确保学生在观看过程中不会因加载过慢而影响观看体验。

（4）多平台适配。确保视频能在多种设备和平台上流畅播放，包括PC、平板、手机等。

（四）版权与安全性

（1）版权问题。在视频制作过程中，应严格遵守版权法律法规，确保使用的素材、图片、音乐等均已获得授权或符合免版权要求。

（2）数据安全性。在视频制作和存储过程中，应采取必要的安全措施，确保视频数据不被非法获取或篡改。

（3）隐私保护。在收集和使用学生数据时（如观看数据、互动反馈等），应遵守隐私保护法律法规，确保学生的个人隐私不被泄露。

物联网单片机教学视频制作的技术要求涉及多个方面，包括录制设备与技术要求、视频编辑与后期制作、交互性与用户体验以及版权与安全性等。在制作过程中，应充分考虑这些要求，确保视频质量、教学效果和传播效果达到预期目标。

三、视频教学的互动设计

在教学视频的制作过程中，互动设计是提升学习效果、增强学习动力以及保持学生注意力的关键。

（一）互动设计的目标与原则

（1）目标。互动设计的首要目标是增强学生的学习体验，通过互动环节激发学生的学习兴趣，提高学习效率和效果。同时，互动设计还能够帮助学生更好地理解和掌握知识点，提高学习的深度和广度。

（2）原则。在互动设计过程中，应遵循以下原则：互动内容应与课程内容紧密结合，有助于加深学生对知识点的理解和记忆；互动环节应具有一定的挑战性和趣味性，能够激发学生的学习兴趣和参与度；互动设计应简单易用，避免过于复杂或烦琐的操作，以免降低学生的学习体验。

（二）互动形式的选择与应用

（1）问题解答。在视频中穿插问题解答环节，通过提问的方式引导学生思考，加深对知识点的理解。问题应具有针对性和启发性，能激发学生的思维活力。

（2）案例分析。结合物联网单片机的实际应用场景，选取具有代表性的案例进行分析和讲解。案例分析环节可以帮助学生更好地理解知识点的应用方法和实践价值，提高学习的实用性和针对性。

（3）讨论交流。在视频下方设置讨论区或论坛，鼓励学生提出问题和分享经验。通过讨论交流的方式，学生可以相互学习、共同进步，形成良好的学习氛围。

（4）实践操作。针对物联网单片机的实验操作环节，可以设计虚拟实验或在线实验平台，让学生在观看视频的同时进行实践操作。实践操作环节可以帮助学生更好地掌握实验技能和操作方法，提高学习的实践性和操作性。

（三）互动效果的评估与优化

（1）观看数据分析。通过收集和分析学生的观看数据（如观看时长、观看次数、暂停和回放等），了解学生对视频的关注度和兴趣点。根据数据分析结果，可以对互动环节进行优化和调整，提高互动效果。

（2）互动反馈收集。鼓励学生在观看视频后提供互动反馈，包括对互动环节的评价、建议和意见等。通过收集和分析互动反馈，可以了解学生对互动环节的需求和期望，为后续的改进提供依据。

（3）定期评估与优化。定期对视频教学中的互动环节进行评估和优化，确保互动效果始终保持良好状态。评估内容包括互动环节的参与度、学生反馈和教学效果等方面。根据评估结果，可以对互动环节进行针对性的优化和改进。

（四）互动设计在提升学生自主性方面的作用

（1）培养自主学习能力。通过互动设计，可以引导学生主动思考、积极探索，从而培养学生的自主学习能力。例如，在问题解答环节，学生需要自主思考并回答问题，这有助于提高学生的思维能力和解决问题的能力。

（2）激发学习兴趣。互动设计可以增加视频的趣味性和吸引力，从而激发学生的学习兴趣和动力。例如，在案例分析环节，通过展示物联网单片机的实际应用场景和案例成果，可以激发学生的学习兴趣和求知欲。

（3）促进知识内化。通过互动设计，可以帮助学生更好地理解和掌握知识点，促进知识的内化和应用。例如，在实践操作环节，学生可以通过动手操作来巩固和加深对知识点的理解和记忆。同时，实践操作环节还能够帮助学生将所学知识应用到实际问题中去，提高学习的实用性和针对性。

四、视频资源的发布与维护

在物联网单片机教学视频的设计与制作过程中，视频资源的发布与维护是确保视频内容有效传播、持续更新并满足学生学习需求的关键环节。

（一）发布策略与平台选择

（1）发布策略。在发布视频资源之前，需要制定明确的发布策略。这包括确定发布的时间、频率、顺序以及针对不同受众的定制化内容。例如，对于初学者，可以先发布基础入门的教学视频；对于进阶学习者，则可以发布更具挑战性和深度的内容。

（2）平台选择。选择合适的发布平台至关重要。常见的平台包括在线教育网站、视频分享网站（如B站、腾讯课堂等）以及社交媒体平台（如微博、微信公众号等）。在选择平台时，需要考虑目标受众的聚集地、平台的用户活跃度以及平台对视频内容的支持程度。

（二）视频资源的优化与推广

（1）视频内容优化。在发布之前，对视频内容进行优化以提高其吸引力和可传播性。这包括优化视频标题、描述和标签，使其更符合搜索引擎的排名规则；同时，确保视频画面清晰、音质良好，以提高观看体验。

（2）多渠道推广。利用多种渠道进行视频资源的推广。例如，在社交媒体上分享视频链接、与相关领域的专家或机构进行合作推广、举办线上或线下活动等。这些推广活动可以帮助扩大视频资源的受众范围并提高知名度。

（三）用户反馈与持续优化

（1）收集用户反馈。建立有效的反馈机制，收集用户对视频资源的意见和建议。这可以通过设置评论区、调查问卷或在线客服等方式实现。用户反馈是了解视频资源质量、改进方向和满足用户需求的重要依据。

（2）持续优化与更新。根据用户反馈和市场需求，对视频资源进行持续优化和更新。这包括修正视频中的错误、更新知识点和案例、增加新的互动环节等。持续优化和更新可以保持视频资源的时效性和吸引力，满足学生的不断变化的学习需求。

（四）技术保障与安全管理

（1）技术保障。确保视频资源的发布与维护过程中有强大的技术支持。这包括使用先进的视频编码技术确保视频在不同设备和网络环境下的流畅播放；利用大数据和人工智能技术提高视频资源的推荐和搜索准确性；以及建立稳定的服务器和网络环境确保视频资源的稳定性和可靠性。

（2）安全管理。加强视频资源的安全管理以防止未经授权的访问、篡改或传播。这包括设置严格的访问权限和身份验证机制、加密存储和传输敏感数据、定期备份和恢复视频资源等。同时，还需要建立应急预案以应对可能出现的网络安全事件。

第三节　交互式学习平台的搭建

一、学习平台的功能需求

在物联网单片机的学习过程中，一个高效、便捷的交互式学习平台对于提升学生的学习体验、增强学习效果具有重要意义。

（一）基础学习功能

（1）课程管理。平台应提供完善的课程管理系统，支持课程的创建、编辑、发布和删除等功能。管理员或教师可以根据教学需求，轻松添加、修改和删除课程，确保课程内容的准确性和时效性。

（2）视频教学资源。平台应支持视频教学资源的上传、管理和播放。视频教学资源是物联网单片机学习的重要载体，通过视频讲解和演示，学生可以更直观地理解和掌握知识点。平台应确保视频资源的清晰度和流畅度，提供多种视频格式和分辨率供学生选择。

（3）学习进度跟踪。平台应具备学习进度跟踪功能，记录学生的学习情况和进度。学生可以随时查看自己的学习进度和成绩，了解自己的学习情况，及时调整学习策略。同时，教师也可以通过学习进度跟踪功能了解学生的学习状况，为个性化教学提供数据支持。

（二）互动学习功能

（1）在线问答。平台应提供在线问答功能，允许学生在学习过程中随时提问并获得解答。这有助于学生及时解决学习中遇到的问题，加深对知识点的理解。同时，教师可以通过在线问答功能了解学生的疑惑和难点，为教学提供反馈和改进方向。

（2）讨论区。平台应设置讨论区，允许学生之间、学生与教师之间进行交流和讨论。讨论区可以激发学生的思考和学习兴趣，促进知识的共享和传播。同时，教师可以通过讨论区了解学生的思想动态和学习需求，为教学提供参考和依据。

（3）实践项目。平台应支持实践项目的发布和管理。实践项目是学生将所学知识应用于实际问题的重要途径，通过实践项目，学生可以巩固和拓展所学知识，提高解决问题的能力。平台应提供实践项目的指导、评估和交流功能，帮助学生顺利完成实践项目并取得良好成果。

（三）个性化学习功能

（1）学习路径推荐。平台应根据学生的学习情况和兴趣偏好，推荐合适的学习路径和课程。这有助于学生更加高效地学习物联网单片机知识，避免盲目和重复学习。

（2）学习进度调整。平台应允许学生根据自己的学习进度和能力水平，调整学习进度和难度。这有助于学生根据自己的实际情况制订个性化的学习计划，提高学习效果和满意度。

（3）智能评估与反馈。平台应提供智能评估与反馈功能，通过算法和数据分析，对学生的学习情况进行智能评估并提供反馈。这有助于学生了解自己的学习情况并发现不足之处，及时调整学习策略和方法。

（四）辅助学习功能

（1）学习资源分享。平台应支持学习资源的分享和下载。这有助于学生获取更多的学习资料和信息，拓宽学习视野和知识面。

（2）学习社区建设。平台应鼓励学习社区的建设和发展，为学生提供交流、合作和展示的平台。学习社区可以激发学生的学习热情和创造力，促进知识的共享和传播。

（3）技术支持与帮助。平台应提供技术支持和帮助功能，解决学生在学习过程中遇到的技术问题和困难。这有助于学生更加顺利地使用平台进行学习并获得更好的学习体验。

二、平台技术架构的设计

在设计物联网单片机交互式学习平台的技术架构时，要综合考虑系统的稳定性、可扩展性、易用性以及安全性等多个方面。

（一）总体架构设计

（1）分层设计。采用分层设计思想，将平台划分为前端展示层、业务逻辑层、数据服务层和基础设施层。前端展示层负责用户界面的展示和交互；业务逻辑层负责处理各种业务逻辑和数据调用；数据服务层提供数据存储、处理和分析服务；基础设施层提供底层技术支持，如服务器、数据库、网络等。

（2）微服务架构。采用微服务架构将系统拆分为多个小型、独立的服务。每个服务负责特定的业务功能，通过服务间的调用和协作完成整个系统的功能。微服务架构可以提高系统的灵活性、可扩展性和可维护性。

（二）系统性能与可扩展性设计

（1）高性能设计。采用负载均衡技术、缓存策略、异步处理等手段提高系统的性能。例如，使用负载均衡器将用户请求分发到多个服务器上，避免单点故障和性能瓶颈；使用缓存技术减少数据库访问次数，提高系统响应速度。

（2）可扩展性设计。通过分布式架构、集群技术、动态扩展等方式实现系统的可扩展性。系统可以根据业务需求的变化动态调整资源分配，满足不断增长的用户并发访问和数据存储需求。

（三）系统安全性设计

（1）身份验证与访问控制。采用身份验证和访问控制策略，确保只有合法用户才能访问平台资源。例如，使用 OAuth2.0 等身份验证协议进行用户身份验证；使用 RBAC 等访问控制模型实现用户权限的细粒度控制。

（2）数据加密与保护。对敏感数据进行加密处理，防止数据泄露和篡改。采用 HTTPS 协议进行数据传输加密；使用加密算法对存储在数据库中的敏感数据进行加密存储。

（3）安全监控与日志记录。建立安全监控和日志记录机制，实时监控系统运行状态和安全事件。通过日志分析发现潜在的安全威胁并及时采取措施。

（四）用户体验与易用性设计

（1）用户界面设计。设计简洁、直观的用户界面，提供良好的用户体验。确保用户能够快速熟悉和掌握平台的使用方法；提供清晰的导航和搜索功能方便用户查找所需资源。

（2）响应式设计。支持多终端访问，包括 PC 端、移动端等。根据不同终端设备的屏幕尺寸和分辨率进行自适应调整，确保用户在不同设备上都能获得良好的使用体验。

（3）用户反馈机制。建立用户反馈机制，收集用户对平台使用的意见和建议。通过定期分析用户反馈优化平台功能和设计，提高用户满意度和忠诚度。

三、平台内容的组织与管理

在物联网单片机交互式学习平台中，内容的组织与管理是确保学习平台有效运行和提供优质学习资源的关键环节。

（一）内容规划与设计

（1）目标受众分析。需要明确平台的目标受众，包括物联网单片机的学习者、教师、企业培训人员等。针对不同受众的需求和背景，制定相应的内容规划。

（2）内容结构设计。设计清晰、合理的内容结构，包括课程分类、章节划分、知识点组织等。确保学习者能够迅速定位所需内容，提高学习效率。

（3）多媒体资源整合。整合视频、音频、图文等多种形式的多媒体资源，丰富学习体验。通过多媒体资源展示，使学习者能够更直观地理解和掌握知识点。

（二）内容制作与审核

（1）内容制作标准。制定统一的内容制作标准，包括格式、风格、质量等方面。确保平台上的内容具有统一性和规范性，提高学习者的信任度和满意度。

（2）内容来源管理。明确内容来源渠道，包括自有制作、外部合作、用户贡献等。建立内容来源的审核机制，确保平台内容的准确性和权威性。

（3）内容审核流程。制定严格的内容审核流程，包括初审、复审、终审等环节。确保平台上的内容符合法律法规、教育政策以及平台自身的价值观和标准。

（三）内容更新与维护

（1）定期更新。根据物联网单片机技术的发展和市场需求的变化，定期更新平台内容。确保学习者能够获取到最新、最全面的学习资源。

（2）用户反馈响应。关注用户反馈，对学习者提出的需求和建议进行及时响应。根据用户反馈调整和优化平台内容，提高学习者的满意度和忠诚度。

（3）错误修正与优化。对平台上的错误和问题进行及时修正和优化。确保平台运行的稳定性和可靠性，为学习者提供良好的学习体验。

（四）内容推广与分享

（1）内容推荐系统。建立智能推荐系统，根据学习者的学习行为和兴趣偏好推荐相关内容。提高学习者发现新内容的概率和兴趣度。

（2）社交分享功能。提供社交分享功能，允许学习者将平台内容分享到社交媒体、论坛等渠道。扩大平台内容的传播范围和影响力。

（3）合作与联动。与其他教育机构、企业等建立合作关系，共同推广平台内容。通过联动效应提高平台内容的知名度和影响力。

四、用户体验的优化与改进

在物联网单片机交互式学习平台中，用户体验的优化与改进是提升平台吸引力和用户留存率的关键。

（一）界面设计与交互优化

（1）简洁直观的界面设计。平台界面应简洁明了，避免过多的复杂元素和冗余信息，使用户能够快速找到所需功能。同时，界面设计应符合用户习惯，提供直观的操作引导，降低用户的学习成本。

（2）响应式布局与多终端适配。考虑到用户可能使用不同的终端设备访问平台，应采用响应式布局设计，确保平台在不同屏幕尺寸和分辨率下都能良好地展示和交互。同时，针对不同终端设备的特性，进行相应的适配和优化，提高用户的使用体验。

（3）用户反馈与迭代优化。通过收集用户反馈，了解用户对平台界面和交互的满意度和改进建议。根据用户反馈进行迭代优化，不断完善平台界面和交互设计，提高用户的使用满意度和忠诚度。

（二）学习路径与个性化推荐

（1）智能学习路径规划。根据用户的学习目标、背景和能力水平，为用户规划个性化的学习路径。通过智能算法分析用户的学习数据和行为习惯，为用户推荐适合的学习内容和难度等级，提高学习效率和学习效果。

（2）个性化推荐系统。建立个性化推荐系统，根据用户的学习历史、兴趣偏好和反馈数据，为用户推荐相关的课程、资源和活动。通过个性化推荐，帮助用户发现更多有价值的学习内容，提升用户的参与度和满意度。

（3）用户反馈与动态调整。根据用户对个性化推荐的反馈数据，不断调整和优化推荐算法和策略。通过用户反馈，了解推荐效果和用户需求的变化，确保个性化推荐的准确性和有效性。

（三）社区建设与互动交流

（1）建设学习社区。通过建设学习社区，为用户提供一个互动交流的平台。在学习社区中，用户可以分享学习心得、提问解答、参与讨论等，增强用户之间的互动和合作。同时，学习社区还可以成为用户获取学习资源和信息的重要渠道。

（2）促进用户互动。通过举办线上活动、竞赛等方式，促进用户之间的互动和交流。通过互动活动，增加用户的参与感和归属感，提高用户的活跃度和留存率。同时，互动活动还可以帮助用户拓展人际关系和建立合作关系。

（3）管理社区氛围。加强对学习社区的管理和维护，确保社区氛围的积极、健康、有序。通过制定社区规则、处理违规行为等方式，维护社区的秩序和公正性。同时，积极回应用户的反馈和投诉，解决用户的问题和困难，提高用户的满意度和信任度。

（四）技术支持与售后服务

（1）提供技术支持。为用户提供及时、专业的技术支持服务。通过在线客服、电话、邮件等多种方式，解答用户在使用平台过程中遇到的问题和困难。同时，建立技术支持团队，确保技术支持服务的及时性和有效性。

（2）优化售后服务。建立完善的售后服务体系，为用户提供全方位的服务支持，包括课程退换、问题咨询、投诉处理等。通过优化售后服务流程和提高服务质量，增强用户的满意度和信任度。

（3）持续改进与升级。根据用户反馈和市场需求的变化，持续改进和升级平台的功能和服务。通过引入新技术、优化算法等方式，提高平台的性能和稳定性。同时，关注物联网单片机技术的发展趋势和市场变化，及时更新和扩展平台的内容和功能。

第四节　在线测试与作业管理

一、在线测试的设计原则

在物联网单片机的学习平台中，在线测试是检验学生学习效果、巩固知识掌握、提高实践能力的关键环节。

（一）测试目标的明确性

（1）知识点覆盖全面。在线测试应全面覆盖物联网单片机课程的核心知识点，确保学生能够全面检验自己的学习成果。测试题目应覆盖理论知识、实践操作、案例分析等多个方面，以全面评估学生的能力。

（2）难度层次合理。测试题目应根据学生的学习进度和能力水平设置不同的难度层次。题目难度应逐步增加，使学生能够根据自己的实际情况选择合适的测试题目，避免过于简单或过于复杂的题目影响测试效果。

（3）目标导向明确。在线测试应明确测试目标，即检验学生对特定知识点的掌握情况。测试题目应紧密围绕测试目标展开，避免偏离主题或涉及过多无关内容。

（二）测试形式的多样性

（1）选择题与主观题相结合。在线测试应包含选择题和主观题两种形式。选择题可以快速检验学生对基础知识的掌握情况，主观题则可以更深入地评估学生的理解和应用能力。

（2）模拟实践与案例分析。除了传统的选择题和主观题外，还可以引入模拟实践和案例分析等形式的测试题目。这些题目能够让学生在实际操作中检验自己的学习效果，提高实践能力。

（3）多种题型组合。在测试题目中，可以组合使用多种题型，如填空题、判断题、简答题等。不同题型的组合可以丰富测试内容，提高测试的趣味性和挑战性。

（三）测试环境的真实性

（1）模拟实际工作环境。在线测试应尽可能模拟物联网单片机工作的实际环境，让学生在真实的情境中检验自己的学习效果。这有助于学生更好地适应未来的工作环境，提高实践能力。

（2）提供充足的测试资源。在线测试应提供充足的测试资源，如测试软件、硬件设备、实验数据等。这些资源应与实际工作环境中的资源保持一致，以确保测试的准确性和可靠性。

（3）考虑网络和设备差异。在线测试应考虑到不同用户的网络和设备差异，确保测试平台能够兼容各种设备和网络环境。同时，对于可能出现的网络延迟、设备故障等问题，应提供相应的解决方案或备选方案。

（四）测试结果的反馈与指导

（1）实时反馈测试结果。在线测试应能够实时反馈学生的测试结果，包括得分、错误答案、正确答案等。这有助于学生及时了解自己的学习状况，及时调整学习策略。

（2）提供详细的解析和指导。对于测试中的错误答案，应提供详细的解析和指导，帮助学生理解错误原因并掌握正确的知识点。同时，还可以提供相关的学习资源或推荐相关课程，帮助学生进一步巩固知识。

（3）个性化建议与推荐。根据学生的测试结果和表现，可以为学生提供个性化的学习建议和资源推荐。这有助于学生根据自己的实际情况制订更有效的学习计划，提高学习效果。

二、在线作业的布置与批改

在物联网单片机学习平台中，在线作业的布置与批改是教学过程中的重要环节，它不仅能帮助学生巩固所学知识，还能让教师及时了解学生的学习情况，从而进行针对性的教学调整。

（一）作业布置的策略与目的

（1）明确教学目的。在布置在线作业时，教师应首先明确教学目的，即希望通过作业达到什么样的教学效果。这有助于教师设计有针对性的作业题目，确保作业内容与教学目标相一致。

（2）分层布置作业。考虑到学生的学习能力和进度差异，教师可以采用分层布置作业的策略。针对不同层次的学生，布置不同难度和数量的作业题目，以满足不同学生的需求。

（3）强调实践与应用。物联网单片机是一门实践性很强的课程，因此教师在布置作业时，应强调实践与应用。通过设计具有实际意义的作业题目，让学生将所学知识应用于实际问题，提高实践能力。

（二）作业题目的设计与质量

（1）题目设计要精准。作业题目的设计应紧密围绕教学目标和知识点展开，确保题目能够准确检验学生的学习效果。同时，题目设计应具有启发性和思考性，引导学生深入思考并拓展知识。

（2）题目难度要适中。作业题目的难度应适中，既不过于简单，也不过于复杂。过于简单的题目无法检验学生的学习效果，过于复杂的题目则可能让学生感到挫败并失去学习兴趣。

（3）题目质量要高。作业题目的质量直接影响到学生的学习效果。因此，教师在设计题目时，应确保题目表述清晰、准确，避免歧义和误导。同时，题目应具有代表性和典型性，能够覆盖课程的核心知识点。

（三）作业提交与批改的流程

（1）明确提交要求。在布置作业时，教师应明确作业提交的要求和时间限制，确保学生能够按时提交作业。同时，教师应提供作业提交的具体方式和途径，方便学生提交作业。

（2）及时批改作业。教师在收到学生提交的作业后，应及时进行批改。批改过程中，教师应认真阅读学生的作业内容，了解学生的学习情况，并给出合理的评分和反馈。

（3）提供详细反馈。在批改作业时，教师应提供详细的反馈和建议。对于错误的地方，教师应指出错误原因并提供正确的解答方法；对于优秀的地方，教师应给予肯定和鼓励。同时，教师还可以根据学生的学习情况给出个性化的学习建议和资源推荐。

（四）作业管理的智能化与个性化

（1）智能推荐作业。通过学习平台的数据分析功能，教师可以根据学生的学习情况和能力水平智能推荐作业题目。这有助于减轻教师的工作负担，同时确保作业题目的针对性和有效性。

（2）个性化学习路径。根据学生的作业完成情况和学习反馈，教师可以为学生制定个性化的学习路径。通过调整作业难度和数量、推荐相关学习资源等方式，帮助学生更好地掌握知识点并提高学习效果。

（3）作业数据分析。通过对学生的作业数据进行分析，教师可以了解学生的学习习惯和偏好、掌握程度等信息。这有助于教师更准确地把握学生的学习情况，从而进行更有针对性的教学调整。同时，作业数据分析还可以为教学研究和改进提供有力支持。

三、学生在线学习进度的监控

在物联网单片机学习平台中，学生在线学习进度的监控是确保学生学习效果和提高学习效率的关键环节。通过对学习进度的实时监控，教师可以及时了解学生的学习状况，提供必要的指导和帮助，而学生也能更好地管理自己的学习时间和进度。

（一）学习进度跟踪与记录

（1）实时跟踪学习行为。学习平台应能够实时跟踪学生的学习行为，包括登录时间、学习时长、学习内容等。通过收集这些数据，可以形成学生的学习行为记录，为后续的进度分析提供依据。

（2）学习进度可视化。学习平台应提供学习进度可视化的功能，将学生的学习进度以图表、进度条等形式直观地展示出来。这样，学生可以清晰地了解自己的学习进度和剩余任务，有助于调整学习计划和策略。

（3）个性化学习进度报告。根据学生的学习行为记录，学习平台可以生成个性化的学习进度报告。这些报告可以详细展示学生的学习进度、掌握程度、薄弱点等信息，帮助学生更好地了解自己的学习情况。

（二）进度分析与反馈

（1）数据分析与挖掘。学习平台应对学生的学习进度数据进行深入分析和挖掘，发现学生的学习规律、问题点等。通过对这些数据的分析，教师可以更准确地把握学生的学习状况，为教学调整和辅导提供有力支持。

（2）及时反馈与指导。在发现学生的学习问题或进度滞后时，学习平台应及时向学生和教师发送反馈。教师可以根据这些反馈，及时与学生沟通，了解问题原因，并提供针对性的指导和帮助。同时，学生也可以根据反馈调整自己的学习计划和策略。

（3）学习预警与干预。对于学习进度严重滞后的学生，学习平台应设置学习预警机制。当学生的学习进度低于一定阈值时，平台会自动触发预警，并通知相关教师或管理人员进行干预。通过及时干预，可以避免学生因学习进度滞后而影响学习效果。

（三）学习动力与激励机制

（1）设置学习目标。学习平台应支持学生设置学习目标，包括短期目标和长期目标。通过设定目标，学生可以明确自己的学习方向和动力来源，提高学习积极性和效率。

（2）提供学习奖励。为了激励学生积极学习，学习平台可以设置学习奖励机制。当学生完成学习任务或达到学习目标时，平台会给予相应的奖励，如积分、勋章、优惠券等。这些奖励可以激发学生的学习动力，提高学习参与度。

（3）分享与交流。学习平台应提供分享与交流的功能，让学生可以将自己的学习成果和心得分享给其他同学或教师。通过分享与交流，学生可以互相学习、互相鼓励，形成积极向上的学习氛围。

（四）个性化学习建议与推荐

（1）基于学习进度的推荐。根据学生的学习进度和掌握程度，学习平台可以推荐适合的学习资源和课程。这些推荐可以帮助学生更好地巩固所学知识，拓展学习领域。

（2）基于兴趣爱好的推荐。除了基于学习进度的推荐外，学习平台还可以根据学生的兴趣爱好推荐相关的学习资源。这些推荐可以激发学生的学习兴趣和动力，提高学习效果。

（3）智能学习路径规划。学习平台可以根据学生的学习进度、掌握程度和兴趣爱好等信息，为学生规划个性化的学习路径。通过学习路径规划，学生可以更加系统、高效地学习物联网单片机知识。

四、在线测试与作业的持续改进

在物联网单片机学习平台中，在线测试与作业的持续改进是确保教学质量和学习效果持续提升的重要环节。通过收集和分析学生的测试与作业数据，教师能够深入了解学生的学习情况，从而优化测试与作业的设计，提高教学效果。

（一）数据收集与分析

（1）全面收集数据。为了进行持续改进，首先需要全面收集学生在线测试和作业中的数据，包括答题时间、正确率、错误类型、解题思路等。这些数据能够反映出学生的学习习惯、掌握程度以及存在的问题。

（2）深入分析数据。在收集到足够的数据后，教师应进行深入的分析。通过对比不同学生的数据，找出普遍存在的问题和个别学生的特殊情况。同时，还可以利用数据分析工具，挖掘数据背后的规律和趋势。

（3）反馈与调整。根据数据分析的结果，教师应及时向学生反馈学习情况和存在的问题，并指导学生进行相应的调整。同时，教师也需要根据分析结果调整测试与作业的难度、内容和形式，以更好地满足学生的学习需求。

（二）测试与作业内容的优化

（1）更新知识点。随着物联网单片机技术的不断发展，测试与作业的内容也需要不断更新。教师应关注最新的技术发展动态，将新的知识点和技术融到测试与作业中，确保学生掌握最新的知识和技能。

（2）增加实践环节。物联网单片机是一门实践性很强的课程，因此测试与作业中应增加实践环节。通过设计具有实际意义的题目，让学生将所学知识应用于实际问题，提高学生的实践能力和解决问题的能力。

（3）提高题目质量。题目质量是测试与作业的关键。教师应不断提高题目的质量，确保题目表述清晰、准确，避免歧义和误导。同时，题目应具有代表性和典型性，能够覆盖课程的核心知识点。

（三）测试与作业形式的创新

（1）引入游戏化元素。为了激发学生的学习兴趣和积极性，可以在测试与作业中引入游戏化元素。通过设计有趣的游戏化题目和挑战任务，让学生在轻松愉快的氛围中完成学习任务。

（2）采用多元化评价。除了传统的分数评价外，还可以采用多元化评价方式。例如，可以设置学生互评、小组评价等评价方式，让学生参与到评价过程中来，提高学生的参与度和自我认知。

（3）利用人工智能技术。随着人工智能技术的不断发展，可以将其应用于在线测试与作业。例如，利用人工智能技术对学生的学习行为进行分析和预测，为学生提供个性化的学习建议和资源推荐；利用人工智能技术自动批改作业和生成反馈等。

（四）持续改进机制的建立与完善

（1）建立反馈机制。为了及时了解学生和教师的意见和建议，应建立反馈机制。通过收集学生和教师的反馈意见，不断优化测试与作业的设计和改进方案。

（2）定期评估与调整。定期对在线测试与作业进行评估和调整是持续改进的重要环节。通过评估学生的学习效果和教师的教学效果，找出存在的问题和不足，并制定相应的改进措施。

（3）分享与交流。鼓励教师之间分享和交流在线测试与作业的设计和改进经验。通过分享和交流，可以互相学习、互相借鉴，共同提高在线测试与作业的质量和效果。

第五节　教学资源的共享与交流

一、教学资源共享平台的建设

在物联网单片机教学中，教学资源共享平台的建设对于促进教学资源的有效利用、提高教学质量和推动学科发展具有重要意义。

（一）平台规划与设计

（1）需求分析。在建设教学资源共享平台之前，首先需要进行全面的需求分析。这包括对教学资源的种类、数量、质量、使用频率等方面的需求进行调研和评估，以确保平台能够满足广大师生的实际需求。

（2）功能设计。根据需求分析的结果，设计平台应具备的功能模块。这些功能模块应包括资源上传、下载、搜索、分类、评价等，以及用户管理、权限设置、数据统计等后台管理功能。确保平台功能齐全、操作简便、易于维护。

（3）技术选型。选择适合的技术框架和开发工具来构建平台。考虑平台的可扩展性、稳定性、安全性等因素，选择成熟且易于维护的技术方案。同时，确保平台具备良好的用户体验和交互设计。

（二）资源整合与优化

（1）资源收集。通过多种渠道收集物联网单片机相关的教学资源，包括教材、课件、案例、实验指导、视频教程等。与各大高校、企业、研究机构等建立合作关系，共享优质教学资源。

（2）资源分类与标签。对收集到的资源进行详细的分类和标签化，方便用户快速找到所需资源。根据资源的类型、难度、应用场景等维度进行分类，并为每个资源打上相应的标签。

（3）资源质量评估。建立资源质量评估机制，对上传的资源进行质量审核和评估。确保平台上的资源质量可靠、内容准确、无版权问题。对于质量不佳的资源进行下架或修改。

（三）用户体验与互动

（1）界面设计。设计简洁明了、易于操作的平台界面。采用直观的图标和布局，提高用户的操作效率和使用体验。同时，确保平台在不同设备和浏览器上的兼容性。

（2）搜索与推荐。提供强大的搜索功能，支持关键词、分类、标签等多种搜索方式。同时，根据用户的搜索历史和浏览行为，为用户推荐相关的教学资源。

（3）互动与交流。鼓励用户之间的互动和交流。设置用户评论、点赞、分享等功能，让用户可以对资源进行评价和分享。同时，建立教师、学生、专家等用户群体之间的交流渠道，促进知识的传播和共享。

（四）平台运营与维护

（1）定期更新与维护。定期对平台进行更新和维护，修复可能存在的漏洞和错误。同时，根据用户反馈和需求调整平台的功能和界面设计。

（2）数据统计与分析。对平台上的用户行为和数据进行统计和分析。了解用户的使用习惯、资源需求等信息，为平台的优化和改进提供依据。

（3）版权保护与安全管理。加强版权保护意识，确保平台上的资源不侵犯他人版权。同时，加强平台的安全管理，防止黑客攻击和数据泄露等安全问题。

通过建设教学资源共享平台，可以促进物联网单片机教学资源的有效利用和共享，提高教学质量和学科发展水平。同时，也可以为广大师生提供一个便捷、高效的学习和交流平台。

二、教学资源交流活动的组织

在物联网单片机的教学领域中，组织教学资源交流活动是促进知识共享、提升教学质量、加强师生间以及行业内外合作的重要途径。

（一）活动规划与策划

（1）明确目标。在策划教学资源交流活动之前，首先要明确活动的目标。这些目标可能包括促进教学资源的共享、加强师生间的交流与合作、提升教学质量、推动学科发展等。明确的目标有助于指导活动的策划和组织。

（2）制定方案。根据活动目标，制定详细的活动方案。方案应包括活动的主题、时间、地点、参与人员、活动流程、预算等要素。确保方案全面、具体、可行，并充分考虑各种可能的风险和挑战。

（3）宣传推广。通过各种渠道对活动进行宣传推广，吸引更多的师生和业界人士参与。可以利用学校的官方网站、社交媒体、电子邮件等方式进行宣传，提高活动的知名度和影响力。

（二）活动内容设计

（1）教学资源展示。设置教学资源展示区，展示物联网单片机领域的优秀教学资源，如教材、课件、实验设备、软件工具等。通过展示，让参与者了解最新的教学资源和技术进展。

（2）专家讲座与交流。邀请物联网单片机领域的专家举办讲座和交流，分享他们的研究成果和教学经验。讲座和交流的内容应具有前瞻性和实用性，能够激发参与者的学习兴趣和热情。

（3）互动环节设计。设置互动环节，如问答、讨论、小组合作等，让参与者能够积极参与其中，发表自己的观点和看法。通过互动，加强参与者之间的交流和合作，促进知识的共享和传播。

（三）活动执行与管理

（1）人员分工与协作。明确活动执行过程中的人员分工和协作方式，确保各项工作能够有序进行。可以设立不同的工作小组，如策划组、宣传组、执行组等，每个小组负责不同的任务，形成合力。

（2）物资准备与保障。提前准备好活动所需的物资和设备，如场地布置、音响设备、投影设备等。确保物资充足、设备正常运行，为活动的顺利进行提供保障。

（3）现场管理与协调。在活动现场设置专门的管理人员，负责现场秩序的维护、参与者的引导和服务等工作。同时，建立有效的沟通机制，确保各个环节之间能够顺畅衔接，及时解决问题。

（四）活动总结与反馈

（1）活动总结。在活动结束后，对活动进行总结和评估。总结活动的亮点和不足，分析活动的效果和影响，提出改进意见和建议。总结的过程有助于积累经验、提高组织能力。

（2）参与者反馈。收集参与者的反馈意见，了解他们对活动的看法和建议。通过反馈，了解活动的实际效果和参与者的需求，为今后的活动提供参考和借鉴。

（3）成果分享与推广。将活动的成果进行分享和推广，让更多的人了解活动的内容和意义。可以通过发布活动报告、分享案例、制作视频等方式进行推广，扩大活动的影响力。

通过组织教学资源交流活动，可以促进物联网单片机教学资源的共享和交流，加强师生间以及行业内外的合作与联系。同时，也可以提高教学质量和学科发展水平，为物联网单片机领域的发展作出贡献。

三、教学资源质量的监控与评估

在物联网单片机的教学中，确保教学资源的质量是提升教学效果、保障学生学习体验的关键环节。教学资源质量的监控与评估，是对教学资源进行有效管理、确保其持续优化的重要手段。

（一）建立监控与评估体系

（1）明确监控与评估目标。需要明确教学资源监控与评估的目标，即确保教学资源的质量符合教学要求，满足学生的学习需求。这包括教学资源的准确性、时效性、适用性等方面的要求。

（2）制定监控与评估标准。根据教学目标和学生的学习特点，制定详细的监控与评估标准。这些标准应该具体、可量化，便于实际操作和评估。例如，可以制定教学资源的内容准确性评估标准、更新频率评估标准等。

（3）构建监控与评估机制。建立包括定期检查、随机抽查、用户反馈等多种方式的监控与评估机制。通过定期检查和随机抽查，确保教学资源的质量得到及时监控；通过用户反馈，了解教学资源的使用情况和存在的问题，为改进提供依据。

（二）实施监控与评估过程

（1）数据采集与分析。在监控与评估过程中，需要收集各种与教学资源质量相关的数据，如用户评价、访问量、下载量等。通过对这些数据的分析，可以了解教学资源的使用情况和存在的问题。

（2）实地考察与调研。除了数据分析外，还需要进行实地考察和调研。通过深入教学现场，了解教学资源在实际教学中的使用情况，发现存在的问题和不足。同时，与师生进行沟通交流，听取他们的意见和建议，为改进提供依据。

（3）持续跟踪与反馈。监控与评估是一个持续的过程，需要不断跟踪教学资源的使用情况，并及时反馈问题和建议。通过定期发布监控报告和评估结果，让师生了解教学资源的最新情况，促进教学资源的持续改进。

（三）优化教学资源质量

（1）内容更新与优化。根据监控与评估的结果，对教学资源的内容进行更新和优化。及时删除过时、不准确的内容，补充新的知识点和技术进展。同时，对教学资源进行排版和格式优化，提高可读性和易用性。

（2）技术支持与升级。对于需要技术支持的教学资源，如在线课程、虚拟实验室等，需要及时进行技术支持和升级。确保这些资源能够稳定运行、提供优质的服务。同时，关注新技术的发展动态，将新技术应用于教学资源，提高教学效果。

（3）教师培训与指导。教师是教学资源的主要使用者之一，他们的使用情况和反馈对于教学资源的改进具有重要意义。因此，需要加强教师培训与指导，提高他们对教学资源的使用能力和评估能力。同时，鼓励教师积极参与教学资源的制作和分享，促进教学资源的共享和交流。

（四）建立激励机制与责任追究

（1）激励机制。为了鼓励师生积极参与教学资源质量的监控与评估工作，可以建立相应的激励机制。例如，对于提供高质量教学资源的师生给予一定的奖励或荣誉称号；对于在教学资源监控与评估中表现突出的师生给予表彰和奖励。

（2）责任追究。对于在教学资源制作、使用、监控与评估过程中存在问题的师生或单位，需要建立相应的责任追究机制。通过明确责任、加强监督、严肃处理等方式，确保教学资源的质量得到保障。同时，加强师生对教学资源质量的重视程度和责任感，促进教学资源的持续改进和优化。

四、教学资源共享的推广与应用

在物联网单片机教学领域，教学资源共享的推广与应用对于提升教学质量、促进知识传播和推动学科发展具有重要意义。

（一）构建共享文化与意识

（1）宣传共享理念。通过宣传和教育，让师生充分认识到教学资源共享的重要性，树立共享意识和共享文化。宣传方式可以多样化，包括组织专题讲座、举办座谈会、发放宣传资料等，使共享理念深入人心。

（2）培养共享习惯。鼓励师生积极参与教学资源共享活动，培养他们的共享习惯。通过搭建平台、提供技术支持、优化流程等方式，降低共享门槛，使师生能够轻松地将自己的教学资源分享给他人。

（3）建立激励机制。为了激发师生参与教学资源共享的积极性，可以建立相应的激励机制。例如，设立"最佳共享资源"奖项，对提供高质量共享资源的师生进行表彰和奖励；将共享资源的数量和质量纳入教师考核和学生评价体系，提高师生对共享资源的重视程度。

（二）优化共享平台与工具

（1）完善平台功能。针对物联网单片机教学的特点，完善共享平台的功能，使其更加符合师生的实际需求。例如，可以开发针对物联网单片机的专用资源库，提供资源分类、搜索、下载、评价等功能；加强平台的交互性，允许师生在平台上进行在线讨论和交流。

（2）提升平台性能。确保共享平台具备良好的性能和稳定性，能够支持大量用户同时访问和使用。通过优化服务器配置、加强网络安全防护、定期更新和维护等方式，提高平台的可用性和安全性。

（3）推广共享工具。推广适用于物联网单片机教学的共享工具，如在线编辑器、虚拟实验室等。这些工具可以降低资源制作的门槛，提高资源的可重复利用性，促进教学资源的共享和传播。

（三）拓展共享范围与渠道

（1）加强校际合作。与其他高校、研究机构等建立合作关系，拓展教学资源的共享范围。通过共享优质的教学资源，提高物联网单片机教学的整体水平；同时，借鉴其他单位的成功经验，促进本校教学资源共享工作的发展。

（2）开展校企合作。与企业建立合作关系，将企业的实际案例、技术文档等教学资源引入教学。通过校企合作，使教学资源更加贴近实际应用场景，提高学生的学习兴趣和实践能力。

（3）利用社交媒体等渠道。利用社交媒体、在线教育平台等渠道，将教学资源分享给更广泛的受众。通过发布教学视频、在线课程、教学案例等内容，吸引更多的学习者关注和参与教学资源共享活动。

（四）建立持续更新与维护机制

（1）定期更新资源。为了确保教学资源的时效性和准确性，需要定期更新教学资源。根据物联网单片机技术的发展动态和学科教学的需求变化，及时添加新的教学资源、更新旧的教学资源。

（2）维护资源质量。建立教学资源质量监控机制，对共享资源进行定期检查和评估。对于质量不高或存在问题的资源进行下架或修改；对于优质资源进行推荐和展示，提高资源的利用率和影响力。

（3）收集用户反馈。积极收集用户对教学资源的反馈意见，了解他们的使用情况和需求变化。根据用户反馈及时调整和更新教学资源的内容和形式，使其更加符合师生的实际需求和使用习惯。同时，建立用户反馈处理机制，及时回应用户的问题和建议，提高用户满意度和忠诚度。

第六章　物联网单片机教学评价体系构建

第一节　教学评价的目的与原则

一、教学评价的目的

在物联网单片机教学领域，教学评价是一项至关重要的工作，它旨在通过收集、分析和利用教学过程中的信息，对教学质量和效果进行客观、科学的评价。

（一）提高教学质量

教学评价的首要目的在于提高教学质量。通过对教学过程和结果的全面评价，可以及时发现教学中存在的问题和不足，为教师提供改进的依据和方向。同时，教学评价还可以帮助教师了解学生的学习情况，根据评价结果调整教学策略和方法，使教学更加符合学生的需求和特点。通过持续改进和优化教学过程，提高教学质量，为学生提供更好的学习体验和发展机会。

（二）促进学生发展

教学评价的目的之一在于促进学生发展。通过对学生的学习过程和学习成果进行评价，可以了解学生的学习状况和发展水平，为学生提供个性化的学习指导和支持。同时，教学评价还可以激发学生的学习动力和兴趣，鼓励学生积极参与教学活动，提高自主学习能力。通过评价结果的反馈，学生可以更加清晰地认识自己的优点和不足，制订合适的学习计划和目标，实现全面发展。

（三）优化教学资源配置

教学评价还有助于优化教学资源的配置。通过对教学资源的评价和利用，可以了解教学资源的使用情况和效果，发现资源的不足之处和潜在价值。根据评价结果，可以对教学资源进行优化配置，提高资源的利用率和效益。同时，教学评价还可以推动教学资源的共享和交流，促进教学资源的整合和升级，为物联网单片机教学提供更加优质、丰富的资源支持。

（四）推动教学改革与创新

教学评价的目的在于推动教学改革与创新。通过对教学过程的全面评价和分析，可以发现教学中的瓶颈和难点问题，为教学改革提供有力的支撑和依据。同时，教学评价还可以促进教学方法和手段的创新，推动教学理念的更新和发展。通过引入新的教学理念、技术和方法，可以丰富教学手段、提高教学效果，为学生提供更加多样化、个性化的学习体验和发展机会。此外，教学评价还可以促进教学研究的深入发展，为物联网单片机教学的创新和发展提供坚实的理论基础和实践支持。

二、教学评价的原则

在构建物联网单片机教学评价体系时，遵循一系列原则是确保评价工作科学、客观、有效的关键。

（一）客观性原则

客观性原则是教学评价的首要原则。它要求评价过程必须基于客观事实和数据，避免主观臆断和偏见。在物联网单片机教学评价中，客观性原则体现在以下几个方面：

（1）评价标准明确。评价标准应具体、明确，能够客观反映教学质量和效果。评价标准的制定应基于教学目标、学生需求和教学实际，确保评价结果的客观性和公正性。

（2）数据收集全面。评价过程中应全面收集相关数据，包括学生的学习成绩、课堂表现、作业完成情况等。通过多角度、多层面的数据收集，可以更全面、客观地了解教学质量和效果。

（3）评价方法科学。评价方法应科学、合理，能够准确反映教学质量和效果。在物联网单片机教学评价中，可以采用定量评价和定性评价相结合的方法，通过数据分析、问卷调查、访谈等方式获取评价信息。

（二）全面性原则

全面性原则要求教学评价应涵盖教学的各个方面，包括教学内容、教学方法、教学资源、教学环境等。在物联网单片机教学评价中，全面性原则体现在以下几个方面：

（1）教学内容全面。评价应关注教学内容的全面性和深度，确保教学内容符合教学目标和学生需求。同时，评价还应关注教学内容的前沿性和实用性，确保学生能够掌握最新的物联网单片机技术和应用。

（2）教学方法多样。评价应关注教学方法的多样性和灵活性，鼓励教师采用多种教学方法和手段进行教学。通过评价教学方法的适用性和有效性，可以推动教学方法的创新和改进。

（3）教学资源丰富。评价应关注教学资源的丰富性和质量，确保学生有足够的资源支持学习。同时，评价还应关注教学资源的共享性和可持续性，促进教学资源的有效利用和长期发展。

（三）发展性原则

发展性原则强调教学评价应关注教师和学生的发展，通过评价促进他们的成长和进步。在物联网单片机教学评价中，发展性原则体现在以下几个方面：

（1）促进教师发展。评价应关注教师的专业成长和教学能力的提升，为教师提供改进和发展的建议。通过评价结果的反馈和激励，可以激发教师的积极性和创造性，推动他们不断提高教学质量和效果。

（2）关注学生发展。评价应关注学生的学习和发展情况，为学生提供个性化的学习指导和支持。通过评价结果的反馈和激励，可以激发学生的学习动力和兴趣，促进他们全面发展。

（四）可操作性原则

可操作性原则要求教学评价应具有实际可操作性，便于实施和管理。在物联网单片机教学评价中，可操作性原则体现在以下几个方面：

（1）评价流程清晰。评价流程应清晰、明确，便于实施和管理。评价流程应包括确定评价标准、收集评价数据、分析评价结果和反馈评价结果等步骤，确保评价工作的有序进行。

（2）评价方法简便。评价方法应简便易行，便于教师和学生参与。在物联网单片机教学评价中，可以采用简便易行的评价方法，如问卷调查、课堂观察等，减轻教师和学生的负担。

（3）评价结果可视化。评价结果应以可视化方式呈现，便于师生理解和使用。通过可视化方式呈现评价结果，可以更直观地了解教学质量和效果，为改进教学提供有力支持。

三、评价体系的层次与结构

在构建物联网单片机教学评价体系时，明确评价体系的层次与结构对于确保评价工作的系统性和有效性至关重要。

（一）宏观层次：总体框架与目标

（1）构建总体框架。评价体系应首先构建一个宏观的总体框架，明确评价的目的、原则、范围和对象。这一框架是评价体系的基石，为后续的评价工作提供指导。

（2）明确评价目标。在总体框架下，需要明确评价的具体目标。这些目标应与物联网单片机教学的特点紧密相关，包括提高教学质量、促进学生发展、优化资源配置等。明确评价目标有助于评价工作的针对性和实效性。

（3）确定评价范围与对象。评价范围应涵盖物联网单片机教学的各个环节，包括教学内容、教学方法、教学资源、教学环境等。评价对象应包括教师、学生、管理人员等，确保评价工作的全面性和系统性。

（二）中观层次：评价模块与指标

（1）划分评价模块。在宏观层次的基础上，需要将评价目标细化为具体的评价模块。这些模块可以根据物联网单片机教学的特点进行划分，如教学内容评价模块、教学方法评价模块、教学资源评价模块等。每个模块都应具有明确的评价目标和内容。

（2）设定评价指标。针对每个评价模块，需要设定具体的评价指标。这些指标应具有可测量性和可比较性，能够客观反映教学质量和效果。指标的设定应基于教学目标、学生需求和教学实际，确保评价结果的客观性和公正性。

（3）权重分配。根据评价指标的重要性和影响力，合理分配权重。权重分配应综合考虑各指标对教学质量和效果的影响程度，确保评价结果的合理性和准确性。

（三）微观层次：评价方法与工具

（1）选择评价方法。在微观层次上，需要选择适合的评价方法和工具。这些方法和工具应具有可操作性和实用性，能够准确反映教学质量和效果。常见的评价方法包括问卷调查、课堂观察、访谈、测试等。

（2）设计评价工具。根据评价方法和目标，设计相应的评价工具。这些工具应具有明确的使用说明和操作流程，便于教师和学生使用。同时，评价工具的设计应充分考虑物联网单片机教学的特点，确保评价结果的针对性和有效性。

（3）收集与处理数据。在评价过程中，需要收集和处理大量的数据。这些数据包括学生的学习成绩、课堂表现、作业完成情况等。通过科学的数据收集和处理方法，可以获取准确、可靠的评价结果。

（四）反馈与改进层次：评价结果的运用与反馈

（1）评价结果的反馈。评价结果应及时、准确地反馈给教师和学生。通过反馈评价结果，可以帮助教师和学生了解教学质量和效果，为改进教学提供有力支持。同时，反馈评价结果也有助于激发教师和学生的积极性和创造性，推动他们不断提高教学质量和学习效果。

（2）评价结果的运用。评价结果应具有实际应用价值。通过评价结果的运用，可以推动教学改革和创新，优化教学资源配置，提高教学质量和效果。同时，评价结果的运用还可以为教学决策提供科学依据，促进物联网单片机教学的长期发展。

（3）持续改进与完善。评价体系是一个持续改进和完善的过程。在评价过程中，应不断总结经验教训，发现存在的问题和不足，并采取相应的措施进行改进和完善。通过持续改进和完善评价体系，可以确保评价工作的科学性、客观性和有效性。

四、评价指标体系的持续改进

在物联网单片机教学评价体系中，评价指标体系的持续改进是确保评价体系能够适应教学发展、提高教学质量的重要环节。

（一）定期评估与反馈

（1）定期评估。评价指标体系需要定期进行全面的评估，以检查其是否仍然符合当前的教学目标和需求。评估应涉及各个评价模块和指标，以确保整个体系的完整性和有效性。

（2）反馈机制。在评估过程中，需要建立有效的反馈机制，收集教师、学生、管理人员等多方面的意见和建议。这些反馈可以作为改进评价指标体系的重要参考。

（3）调整与优化。根据评估结果和反馈意见，对评价指标体系进行调整和优化。这包括对评价指标的增减、修改，以及对评价方法和工具的改进。

（二）适应教学发展

（1）关注教学趋势。物联网单片机技术不断发展，教学内容和教学方法也在不断更新。评价指标体系需要关注这些教学趋势，确保体系能够适应教学的发展变化。

（2）引入新指标。随着教学的发展，可能会出现一些新的评价指标，如学生创新能力、团队协作能力等。在持续改进过程中，需要将这些新指标引入评价体系，以更全面地反映教学质量。

（3）淘汰过时指标。一些旧的、过时的评价指标可能需要被淘汰。这些指标可能已经无法准确反映教学质量，或者与当前的教学目标不符。

（三）强化数据支持

（1）数据收集与分析。在评价指标体系的持续改进中，需要强化数据支持。通过收集和分析大量的教学数据，可以更准确地了解教学质量和效果，为改进评价体系提供有力依据。

（2）数据驱动的决策。利用数据分析结果，可以制定更加科学、合理的评价决策。例如，可以根据数据分析结果调整评价指标的权重，或者优化评价方法和工具。

（3）数据可视化。将数据以可视化的方式呈现，可以更直观地了解教学质量和效果。同时，数据可视化也有助于教师和学生更好地理解评价体系，促进他们的参与和合作。

（四）建立长效机制

（1）制度化建设。将评价指标体系的持续改进纳入教学管理的制度，确保改进工作的长期性和稳定性。制度应明确改进的目标、原则、方法和步骤等。

（2）专业化团队。建立专业的评价团队，负责评价指标体系的持续改进工作。团队成员应具备丰富的教学经验和评价知识，能够熟练运用各种评价方法和工具。

（3）持续培训与支持。为评价团队提供持续的培训和支持，确保他们能够及时掌握最新的评价理念和技术。同时，也需要为教师和学生提供相关的培训和支持，促进他们对评价体系的理解和合作。

第二节　评价方法的选择与应用

一、评价方法的多样性

在物联网单片机教学评价中，选择与应用多样化的评价方法至关重要。多样化的评价方法能够更全面地反映教学质量，确保评价结果的客观性和准确性。

（一）量化评价与质性评价的结合

（1）量化评价。量化评价是通过收集和分析可量化的数据来评价教学质量的方法。在物联网单片机教学评价中，量化评价可以通过考试成绩、作业完成率、课堂参与度等具体数据来体现。量化评价具有客观性强、易于操作的特点，能够直观地展示学生的学习效果和教师的教学成果。

（2）质性评价。质性评价是通过描述和分析非量化的信息来评价教学质量的方法。在物联网单片机教学评价中，质性评价可以通过学生的作品展示、口头报告、课堂讨论等方式进行。质性评价能够更深入地了解学生的学习过程、思维方式和创新能力，为评价提供更丰富的信息。

（3）结合应用。在实际教学评价中，应将量化评价与质性评价相结合。通过量化评价获取客观数据，通过质性评价获取主观信息，两者相互补充，形成全面、准确的评价结果。

（二）形成性评价与总结性评价的平衡

（1）形成性评价。形成性评价是在教学过程中进行的评价，旨在及时了解学生的学习情况和教学效果，为教学提供反馈和改进建议。在物联网单片机教学评价中，形成性评价可以通过课堂观察、随堂测验、学生反馈等方式进行。

（2）总结性评价。总结性评价是在教学结束后进行的评价，旨在对整个教学过程进行回顾和总结，评估教学质量和效果。在物联网单片机教学评价中，总结性评价可以通过期末考试、综合实践项目、学生作品展示等方式进行。

（3）平衡应用。形成性评价和总结性评价各有优势，应在教学中平衡应用。通过形成性评价及时了解学生的学习情况，为教学提供反馈；通过总结性评价对整个教学过程进行回顾和总结，为教学改进提供依据。

（三）传统评价与现代评价的创新融合

（1）传统评价。传统评价主要包括笔试、作业批改等方式，这些方法在物联网单片机教学评价中仍然具有重要作用。传统评价能够客观地检验学生对知识的掌握程度和应用能力。

（2）现代评价。随着信息技术的发展，现代评价方法不断涌现，如在线测试、电子作业、学习管理系统等。这些现代评价方法能够更高效地收集和分析数据，提供更及时、准确的评价信息。

（3）创新融合。在教学评价中，应将传统评价与现代评价进行创新融合。发挥传统评价在检验知识掌握程度方面的优势，同时利用现代评价在数据收集和分析方面的便利，形成更加全面、高效的评价体系。

（四）多元化评价主体的参与

（1）教师评价。教师是教学评价的重要主体之一，通过教师评价可以了解学生的学习情况和教学效果。教师应根据学生的课堂表现、作业完成情况等方面进行评价。

（2）学生自评与互评。学生自评和互评是评价学生自主学习能力、团队协作能力和创新能力等方面的重要手段。通过学生自评和互评，可以促进学生自我反思和互相学习。

（3）家长与社区评价。家长和社区也是教学评价的重要参与者。他们可以通过观察学生在家庭和社会环境中的表现来评价教学质量。家长和社区的评价可以为学校提供宝贵的反馈和建议。

（4）多元评价主体的融合。在教学评价中，应鼓励多元化评价主体的参与。通过教师评价、学生自评与互评、家长与社区评价等多方面的评价信息，形成全面、立体的评价结果。

二、评价方法的具体应用

在物联网单片机教学评价中，评价方法的具体应用是确保评价活动有效实施的关键环节。

（一）评价目标的明确与对应方法的选择

（1）评价目标的明确。需要明确物联网单片机教学的评价目标，包括学生知识掌握程度、技能应用能力、创新能力、团队协作能力等方面的评价。这些目标将指导评价方法的选择和应用。

（2）对应方法的选择。根据评价目标的不同，选择相应的评价方法。例如，对于知识掌握程度的评价，可以选择量化评价中的笔试、在线测试等方法；对于技能应用能力的评价，可以选择实践项目、实验操作等方法；对于创新能力和团队协作能力的评价，则可以采用案例分析、小组讨论、作品展示等质性评价方法。

（3）方法选择的合理性。在选择评价方法时，需要充分考虑其适用性和可行性。不同的评价方法各有优劣，需要根据实际教学情况和评价目标进行合理选择，确保评价结果的准确性和有效性。

（二）评价过程的实施与监控

（1）评价过程的实施。在评价过程中，需要按照所选评价方法的要求进行操作。例如，在进行笔试时，需要确保试题的质量、考试的公正性和评分的准确性；在进行实践项目评价时，需要明确项目要求、评价标准和评价流程，确保评价活动的有序进行。

（2）评价过程的监控。在评价过程中，需要对评价活动进行实时监控，以确保评价活动的规范性和有效性。这包括对学生参与情况的监控、评价过程的记录、评价数据的收集等方面。通过监控，可以及时发现评价过程中存在的问题，并采取相应措施进行改进。

（3）实施与监控的协调。评价过程的实施与监控是相互关联的。在实施过程中，需要密切关注评价活动的进展和效果；在监控过程中，需要及时反馈评价结果和存在的问题，为实施提供指导和支持。通过实施与监控的协调，可以确保评价活动的顺利进行和有效实施。

（三）评价结果的分析与解读

（1）评价结果的收集。在评价活动结束后，需要收集评价数据并整理成评价结果。这包括量化评价中的分数、排名等数据，以及质性评价中的描述、分析等信息。

（2）评价结果的分析。对收集到的评价结果进行深入分析，挖掘其中蕴含的信息和规律。例如，可以分析学生在不同方面的表现情况、教学目标的达成程度、教学方法的有效性等。通过分析，可以了解教学质量和学生的学习效果，为教学改进提供依据。

（3）评价结果的解读。将分析结果转化为易于理解和接受的形式，如报告、图表等，并向相关人员进行解读和说明。在解读过程中，需要充分考虑听众的背景和需求，确保解读的准确性和有效性。通过解读，可以使相关人员了解评价结果的意义和价值，促进教学改进和学生发展。

（四）评价结果的反馈与应用

（1）评价结果的反馈。将评价结果及时、准确地反馈给相关人员，包括学生、教师、管理人员等。反馈内容应包括评价结果的分析和解读，以及改进建议和方向。通过反馈，可以激发相关人员的积极性和主动性，促进他们参与教学评价和改进活动。

（2）评价结果的应用。根据评价结果，制订相应的教学改进计划或策略，并付诸实施。例如，针对学生在某些方面的不足，教师可以调整教学内容和方法；针对教学目标达成程度不高的问题，可以优化教学设计和资源配置等。通过评价结果的应用，可以不断提高教学质量和学生的学习效果。

（3）反馈与应用的闭环。评价结果的反馈与应用是一个闭环过程。通过反馈了解评价结果并制订相应的改进计划；通过应用实施改进计划并再次进行评价；根据新的评价结果再次进行反馈和应用。这样形成一个不断循环、不断改进的过程，推动教学质量持续提升。

三、评价方法的创新与实践

在物联网单片机教学评价中，评价方法的创新与实践是推动评价体系不断发展的关键因素。

（一）引入新兴技术增强评价效果

（1）大数据与人工智能的应用。在评价过程中，利用大数据技术和人工智能算法，可以对大量评价数据进行深度挖掘和分析，发现潜在的教学问题和学生的学习需求。例如，通过智能分析学生的学习行为数据，可以预测学生的学习困难并提供个性化的学习建议。

（2）虚拟现实与增强现实。借助 VR 和 AR 技术，可以创建逼真的学习环境，让学生在虚拟场景中进行实践操作和实验。这种评价方式能够更直观地展示学生的技能应用能力和创新能力，提高评价的准确性和有效性。

（3）技术融合的挑战与机遇。在引入新兴技术时，需要克服技术门槛、成本投入等挑战。然而，这些技术也为教学评价带来了前所未有的机遇，如提高评价效率、丰富评价形式、增强评价体验等。

（二）开发适应物联网单片机教学的特色评价方法

（1）项目式评价。结合物联网单片机教学的特点，开发以项目为导向的评价方法。通过让学生参与实际项目的设计与实施，评价他们的实践能力和创新能力。这种方法能够更真实地反映学生在实际应用中的表现。

（2）竞赛式评价。组织物联网单片机相关的竞赛活动，让学生在竞赛中展示他们的技能和成果。通过竞赛评价，可以激发学生的竞争意识和创新精神，提高他们的学习动力和实践能力。

（3）特色评价方法的推广与应用。在开发特色评价方法后，需要积极推广和应用这些方法。通过培训、分享等方式，让更多的教师了解并应用这些评价方法，提高整个教学评价体系的水平。

（三）促进多元评价主体的参与和互动

（1）学生自评与互评的深化。鼓励学生进行自我评价和相互评价，培养他们的自我反思能力和团队协作能力。同时，教师也需要引导学生正确理解自我评价和互评的意义和价值，确保评价活动的有效进行。

（2）家长与社区评价的引入。将家长和社区纳入评价主体范围，让他们参与教学评价活动。通过收集家长和社区的评价意见和建议，可以更全面地了解教学质量和学生的学习效果，为教学改进提供依据。

（3）多元评价主体的协同作用。在评价过程中，需要促进多元评价主体的协同作用。通过加强沟通、分享信息等方式，让不同评价主体之间形成合力，共同推动教学评价的发展。

（四）持续优化评价流程与机制

（1）评价流程的简化与优化。在评价过程中，需要不断简化评价流程，降低评价成本。同时，还需要优化评价机制，确保评价活动的公正性和有效性。例如，可以建立评价标准的动态调整机制，根据教学发展和学生需求及时修订评价标准。

（2）评价结果的及时反馈与应用。确保评价结果能够及时、准确地反馈给相关人员，并应用于教学改进和学生发展。通过建立有效的反馈机制和应用机制，可以让评价结果真正发挥作用，推动教学质量持续提升。

（3）评价流程与机制的持续改进。在评价过程中，需要不断总结经验教训，发现存在的问题和不足，并采取相应的措施进行改进。通过持续优化评价流程与机制，可以确保评价活动的有效性和可持续性。

四、评价方法的有效性与可靠性

在物联网单片机教学评价中，评价方法的有效性与可靠性是衡量评价体系质量的关键指标。

（一）评价标准的明确性与一致性

（1）评价标准的明确性。有效和可靠的评价方法需要具备明确的评价标准。这些标准应该具体、清晰，能够准确反映物联网单片机教学的核心目标和要求。明确的评价标准有助于教师和学生理解评价的内容和要求，确保评价活动的顺利进行。

（2）评价标准的一致性。评价标准的一致性是指在不同时间、不同评价者之间对同一教学内容的评价结果应具有一致性。一致性的保证要求评价标准的制定要基于共同的教育理念和教学目标，并且评价者需要接受统一的培训，以确保对评价标准的理解和应用一致。

（3）明确性与一致性的实践意义。明确和一致的评价标准能够提高评价活动的公正性和客观性，减少主观因素的干扰。同时，它也有助于教师和学生根据评价结果进行教学和学习上的调整和改进，从而推动教学质量的持续提升。

（二）评价数据的收集与分析方法

（1）数据的全面性与代表性。有效和可靠的评价方法需要收集全面且具有代表性的评价数据。这些数据应该能够全面反映学生的学习情况和教学效果，包括量化数据和质性数据。通过收集多样化的数据，可以更准确地评估教学质量和学生的学习成果。

（2）数据分析的科学性。评价数据的分析需要采用科学的方法和技术，以确保分析结果的准确性和可靠性。这包括采用适当的统计方法、数据挖掘技术等对评价数据进行深入分析，发现其中的规律和趋势。同时，还需要注意数据分析过程中的误差控制和检验，以确保分析结果的可靠性。

（3）数据收集与分析的实践应用。在物联网单片机教学评价中，可以通过问卷调查、在线测试、实践操作等方式收集评价数据。同时，可以利用数据分析软件对收集到的数据进行深入分析和挖掘，以发现教学中的问题和不足，为教学改进提供有力支持。

（三）评价过程的透明性与公正性

（1）评价过程的透明性。有效和可靠的评价方法需要确保评价过程的透明性。这包括评价活动的组织、实施、监督等，各个环节都需要公开透明，让教师和学生了解评价的具体内容和要求。透明性的保证有助于减少评价过程中的不公平现象和误解，提高评价活动的公正性和可信度。

（2）评价过程的公正性。评价过程的公正性是指评价活动应该遵循公平、公正、客观的原则，确保评价结果的真实性和可靠性。这要求评价者需要具备客观公正的态度，不受个人情感、偏见等因素的影响，同时还需要采用科学的评价方法和手段，确保评价结果的准确性和可靠性。

（3）透明性与公正性的实践意义。透明和公正的评价过程能够增强师生对评价结果的信任感和认同感，提高评价活动的有效性和可信度。同时，它也有助于促进师生之间的沟通和交流，为教学改进提供有力支持。

（四）评价结果的反馈与应用机制

（1）反馈机制的及时性。有效和可靠的评价方法需要确保评价结果的及时反馈。及时的反馈有助于教师和学生及时了解自己的教学和学习情况，发现存在的问题和不足，从而进行及时的调整和改进。

（2）应用机制的有效性。评价结果的应用机制需要确保评价结果能够真正用于教学改进和学生发展。这要求评价结果需要具有针对性和可操作性，能够为教学改进提供具体的建议和方向。同时，还需要建立相应的激励机制和奖惩机制，以激发教师和学生参与评价活动的积极性和主动性。

（3）反馈与应用机制的实践意义。及时有效的反馈与应用机制能够确保评价结果真正发挥作用，推动教学质量的持续提升。同时，它也有助于增强师生对评价活动的重视和认同度，促进评价活动的良性循环和发展。

第三节　评价结果的反馈与利用

一、评价结果的及时反馈

在物联网单片机教学评价中，评价结果的及时反馈是确保评价活动有效性和促进教学改进的关键环节。

（一）反馈的时效性

（1）即时反馈的重要性。评价结果的即时反馈对于教师和学生而言至关重要。即时反馈能够迅速反映教学中的问题和学生的学习状况，为教师提供调整教学策略的依据，同时也让学生及时了解自己的学习进展和存在的问题。

（2）提高反馈时效性的策略。为确保反馈的时效性，可以采用现代化的评价工具和技术，如在线测试系统、智能教学平台等，这些工具能够迅速收集和分析评价数据，并生成即时的反馈报告。此外，教师也需要在评价活动结束后尽快整理和分析评价结果，确保反馈的及时性。

（3）时效性对教学的促进。即时反馈有助于教师及时发现问题并采取相应的解决措施，从而提高教学质量。同时，即时反馈也能激发学生的学习兴趣和动力，让他们更加积极地参与学习活动。

（二）反馈的针对性

（1）个性化反馈的需求。不同的学生在学习中存在的问题和需要改进的地方也各不相同，因此评价结果的反馈需要具有针对性。个性化反馈能够针对每个学生的具体情况提出具体的建议和指导，帮助他们更好地改进自己的学习。

（2）实现个性化反馈的方法。为实现个性化反馈，教师可以根据评价结果对每个学生进行详细的分析和评估，了解他们的学习特点、优势和不足，并据此制定个性化的反馈方案。同时，也可以利用数据分析工具对评价数据进行深入挖掘和分析，发现学生的共性和个性问题，为反馈提供有力支持。

（3）针对性反馈的效果。针对性反馈能够让学生更加清晰地了解自己的学习情况，明确自己的优势和不足，从而制订更加有效的学习计划。同时，针对性反馈也有助于教师更加精准地把握学生的学习需求，为教学提供更加有效的支持。

（三）反馈的互动性

（1）互动反馈的价值。互动反馈能够加强师生之间的沟通和交流，促进双方对评价结果的共同理解和认识。通过互动反馈，教师可以更加深入地了解学生的想法和感受，学生也能够更加积极地参与评价活动并表达自己的观点和建议。

（2）实现互动反馈的途径。为实现互动反馈，教师可以采用多种途径与学生进行沟通和交流，如面对面交流、在线讨论、问卷调查等。在反馈过程中，教师需要保持开放和包容的态度，鼓励学生积极表达自己的观点和建议，并对学生的反馈进行认真倾听和回应。

（3）互动性对评价活动的促进。互动反馈能够增强评价活动的参与性和互动性，提高评价结果的接受度和认可度。同时，互动反馈也有助于促进师生之间的情感交流和信任建立，为教学改进提供更加有力的支持。

（四）反馈的可持续性

（1）持续反馈的必要性。教学评价是一个持续的过程，需要不断地收集和分析评价数据并生成反馈结果。持续反馈能够确保评价活动的连续性和有效性，为教学改进提供持续的支持。

（2）实现持续反馈的措施。为实现持续反馈，教师需要制订长期的教学评价计划并坚持执行。同时，也需要建立有效的评价数据收集和分析机制，确保评价数据的准确性和可靠性。此外，还需要建立反馈结果的跟踪和监测机制，对反馈结果进行持续的跟踪和评估以确保其有效性和可持续性。

（3）可持续性对教学发展的意义。持续反馈能够推动教学的持续改进和发展。通过不断地收集和分析评价数据并生成反馈结果，教师可以及时发现教学中存在的问题和不足并采取相应的解决措施从而推动教学质量的不断提升。同时，持续反馈也有助于促进学生的学习和发展，让他们在不断反馈和调整中提高自己的学习水平和能力。

二、评价结果的深入分析

在物联网单片机教学评价中，对评价结果的深入分析是提升教学质量和学生学习效果的关键环节。

（一）数据分析的广度与深度

（1）全面分析的重要性。对评价结果进行全面分析是确保分析广度的基础。全面分析意味着不仅要关注整体评价数据，还要对各个维度、各个层面的数据进行细致研究。这样才能全面把握教学质量和学生学习情况的全貌。

（2）深入剖析的必要性。在全面分析的基础上，还需要对关键数据进行深入剖析。这包括对学生学习困难、教师教学策略的有效性、课程内容的合理性等方面的深入探讨。通过深入剖析，可以发现问题的根源，为改进提供有力支持。

（3）广度与深度对教学的意义。通过广度和深度的分析，可以更加全面地了解教学质量和学生学习情况，发现潜在问题和不足。这为教师提供了改进教学的方向和思路，同时也为学生提供了提升学习效果的策略和方法。

（二）问题识别与诊断

（1）准确识别问题的关键。在深入分析评价结果时，需要准确识别存在的问题。这要求教师对评价数据有敏锐的洞察力，能够从中发现规律、趋势和异常点。通过准确识别问题，可以为后续的诊断和改进提供基础。

（2）问题诊断的科学性。问题诊断需要遵循科学的原则和方法。教师可以通过对比不同班级、不同学生群体的评价数据，分析问题的共性和个性；同时，也可以借助专业工具和技术手段进行数据分析，提高诊断的科学性和准确性。

（3）问题识别与诊断对教学的影响。准确的问题识别和科学的诊断能够为教学改进提供有力支持。通过识别问题并找出问题的根源，教师可以制定有针对性的改进措施；也可以让学生更加清晰地了解自己的学习情况，明确自己的优势和不足。

（三）改进措施的制定与实施

（1）措施制定的针对性。在深入分析评价结果并识别问题后，需要制定具体的改进措施。这些措施需要针对问题的根源和实质，具有针对性和可操作性。例如，针对学生学习困难的问题，可以制订个性化的辅导计划；针对教师教学策略不足的问题，可以开展教师培训等活动。

（2）实施过程的监控与调整。在改进措施实施过程中，需要进行监控和调整。教师可以通过观察学生的学习情况和反馈意见来评估改进措施的有效性；同时，也需要根据实际情况对措施进行必要的调整和完善。

（3）改进措施对教学质量的提升。通过制定和实施有针对性的改进措施，可以针对问题进行精准解决，从而有效提升教学质量和学生学习效果。这些改进措施不仅有助于解决当前存在的问题，还能够为未来的教学提供经验和借鉴。

（四）反馈循环的建立与优化

（1）反馈循环的重要性。在教学评价中，反馈循环是一个重要的环节。通过建立反馈循环，可以将评价结果及时反馈给教师和学生，并引导他们根据反馈结果进行调整和改进。这有助于形成一个良性循环的教学过程。

（2）反馈循环的优化策略。为了优化反馈循环，需要采取一系列措施。首先，要确保反馈的及时性和准确性；其次，要鼓励教师和学生积极参与反馈过程并表达自己的意见和建议；最后，要建立有效的激励机制以激发参与反馈的积极性。

（3）反馈循环对教学质量的促进。通过优化反馈循环可以加强师生之间的沟通和交流，促进双方对教学评价结果的共同理解和认识。这有助于形成一个积极向上的教学氛围，提高学生的学习动力和教师的教学热情，从而推动教学质量的不断提升。

三、评价结果的应用策略

在物联网单片机教学评价中,评价结果的应用策略是确保评价活动产生实效、推动教学质量提升的关键环节。

（一）明确应用目标

（1）定位应用目标的重要性。在评价结果的应用过程中,要明确应用的目标,这包括确定评价结果将用于哪些方面的教学改进、学生发展或其他相关活动。明确的目标有助于指导评价结果的有效应用,避免资源的浪费和目标的偏离。

（2）如何设定应用目标。设定应用目标时,需要充分考虑教学实际情况和师生需求。可以通过调研、座谈等方式收集教师和学生的意见和建议,了解他们对评价结果应用的期望和需求。同时,也需要结合教学评价的目的和原则,确保应用目标的合理性和可行性。

（3）应用目标对教学的影响。明确的应用目标能够指导评价结果的有效应用,使教学改进和学生发展更加具有针对性和实效性。同时,明确的目标也有助于激发教师和学生的积极性,促进他们更加主动地参与教学评价和改进活动。

（二）制订具体计划

（1）计划制订的必要性。在明确应用目标后,需要制订具体的计划来指导评价结果的应用。计划应该包括应用的步骤、时间节点、责任人等要素,以确保评价结果的应用能够有序进行。

（2）如何制订具体计划。制订计划时,需要充分考虑实际情况和可行性。可以将应用目标分解为具体的任务和措施,并明确每个任务和措施的实施步骤和时间节点。同时,也需要明确责任人和协作关系,确保计划的顺利执行。

（3）计划执行对教学的影响。具体的计划能够确保评价结果的应用得到有序、有效的执行。通过计划的执行,可以及时发现和解决应用过程中出现的问题和困难,推动教学改进和学生发展的顺利进行。

（三）建立激励机制

（1）激励机制的作用。在评价结果的应用过程中,建立激励机制能够激发教师和学生的积极性,促进他们更加主动地参与教学评价和改进活动。激励机制可以通过奖励、表彰等方式来体现，让教师和学生感受到参与评价和改进的价值和意义。

（2）如何建立激励机制。建立激励机制时，需要充分考虑教师和学生的需求和期望。可以通过设置奖项、提供资源支持等方式来激励他们参与评价和改进活动。同时，也需要注重激励机制的公平性和公正性，确保激励效果的最大化。

（3）激励机制对教学改进的影响。通过建立激励机制，可以激发教师和学生的积极性，促进他们更加主动地参与教学评价和改进活动。这有助于发现教学中存在的问题和不足，并推动教学质量的持续提升。同时，激励机制也能够增强师生对教学评价和改进活动的认同感和归属感，促进教学共同体的建设和发展。

（四）持续跟踪与调整

（1）跟踪与调整的重要性。在评价结果的应用过程中，需要持续跟踪和调整应用策略的效果。这有助于及时发现和解决应用过程中出现的问题和困难，确保评价结果的应用能够取得实效。

（2）如何进行跟踪与调整。跟踪与调整时，需要收集和分析应用过程中的数据和反馈意见。可以通过问卷调查、座谈等方式收集教师和学生的意见和建议，了解他们对应用策略的看法和感受。同时，也需要对应用策略的执行情况进行检查和评估，确保其符合预期目标。在发现问题时，需要及时进行调整和完善，以确保应用策略的持续有效。

（3）跟踪与调整对教学改进的意义。通过持续跟踪与调整应用策略的效果，可以确保评价结果的应用能够取得实效并推动教学质量的持续提升。同时，跟踪与调整也有助于促进教学评价体系的不断完善和发展，为未来的教学评价活动提供更加有力的支持。

四、评价结果的持续跟踪与改进

在物联网单片机教学评价中，对评价结果的持续跟踪与改进是确保评价活动长期有效、教学质量持续提升的关键环节。

（一）建立跟踪机制

（1）跟踪机制的重要性。评价结果的应用不是一次性的过程，而是需要持续跟踪以确保其效果的持久性。建立跟踪机制能够及时捕捉教学评价后的变化，为后续的改进提供数据支持。

（2）如何建立跟踪机制。首先，需要明确跟踪的对象和内容，如学生的学习成绩、教师的教学行为、教学资源的利用等。其次，制定跟踪的频率和方式，如定期收集数据、进行课堂观察、与学生和教师进行访谈等。最后，建立数据收集和分析系统，对收集到的数据进行整理和分析，以便发现问题和制定改进措施。

（3）跟踪机制对教学的影响。通过跟踪机制，可以及时发现教学评价后出现的问题和变化，为教学改进提供及时、准确的信息。同时，跟踪机制也能让教师和学生感受到教学评价的持续性，激发他们的参与热情。

（二）定期评估与反馈

（1）定期评估的必要性。定期评估是确保评价结果持续有效的关键。通过定期评估，可以了解教学评价的实施情况、存在的问题以及改进的效果。

（2）如何进行定期评估。定期评估可以包括自我评价、同行评价和学生评价等多种形式。在评估过程中，需要制定明确的评估指标和标准，确保评估的公正性和客观性。同时，也要关注评估结果的反馈，及时将评估结果反馈给教师和学生，引导他们进行改进。

（3）定期评估对教学改进的意义。定期评估有助于及时发现教学评价中存在的问题和不足，为教学改进提供方向。同时，定期评估也能让教师和学生了解自己在教学评价中的表现，激发他们的自我提升动力。

（三）问题识别与改进策略制定

（1）问题识别的重要性。在持续跟踪与改进过程中，问题识别是关键环节。通过识别问题，可以明确改进的方向和目标。

（2）如何识别问题与制定策略。在识别问题时，需要关注教学评价中的各个环节和方面，如教学目标、教学内容、教学方法、教学资源等。针对识别出的问题，需要制定具体的改进策略，如调整教学目标、优化教学内容、改进教学方法、增加教学资源等。同时，也要关注改进策略的可操作性和实效性，确保改进策略能够得到有效实施。

（3）问题识别与改进策略对教学的影响。通过问题识别与改进策略的制定，可以针对教学评价中存在的问题进行精准打击，推动教学质量的持续提升。

同时，问题识别与改进策略的制定也能促进教师和学生的反思和成长，提高他们的专业素养和综合能力。

（四）持续改进与循环优化

（1）持续改进的意义。教学评价是一个持续的过程，需要不断地进行改进和优化。持续改进能够确保教学评价始终与教学实践相契合，为教学质量的提升提供有力支持。

（2）如何实现持续改进。实现持续改进需要建立一种循环优化的机制。在这个机制中，每次教学评价都是对上一次评价的改进和优化。通过不断地收集数据、分析问题、制定策略、实施改进和评估效果，可以形成一个持续改进的闭环。同时，也要注重持续改进的可持续性，确保改进成果能够长期保持并持续发挥作用。

（3）持续改进对教学发展的意义。通过持续改进与循环优化，可以确保教学评价始终与教学实践相契合，为教学质量的提升提供有力支持。同时，持续改进也能促进教师和学生的专业素养和综合能力的提升，推动教学事业的不断发展。

第四节　教学评价体系的持续优化

一、评价体系优化的必要性

在物联网单片机教学领域，教学评价体系的持续优化是确保教学质量持续提升、满足社会和学生需求变化的重要举措。

（一）适应教育环境变革

（1）教育环境变革的影响。随着科技的不断进步和社会的发展，教育环境也在发生深刻变革。新的教育理念、教学方法和教学资源不断涌现，给教学评价带来了新的挑战和机遇。因此，评价体系需要不断优化以适应教育环境变革的需求。

（2）适应变革的具体措施。评价体系优化应关注教育环境变革的趋势和特点，及时将新的教育理念和方法融入评价过程。例如，可以引入更多的在线学习平台和数字化教学资源，通过数据分析和学习跟踪来评价学生的学习效果。同时，也要关注教育政策的调整和社会需求的变化，确保评价体系与外部环境保持同步。

（3）适应变革的意义。通过适应教育环境变革来优化评价体系，可以确保教学评价始终与教学实践相契合，为教学质量的提升提供有力支持。同时，也有助于培养学生的创新能力和实践能力，满足社会对高素质人才的需求。

（二）提升教学质量

（1）教学质量提升的需求。教学质量是教育活动的核心，也是教育评价的重要目标。随着教育竞争的加剧和学生需求的多样化，提高教学质量成为学校和教育者面临的迫切任务。因此，评价体系优化需要关注教学质量的提升。

（2）提升教学质量的途径。评价体系优化可以通过完善评价指标、改进评价方法、加强评价反馈等方式来提升教学质量。例如，可以引入更多的过程性评价和形成性评价，关注学生的学习过程和发展变化；同时，也要加强评价结果的分析和应用，为教学改进提供有针对性的建议。

（3）提升教学质量的意义。通过优化评价体系来提升教学质量，可以确保教学活动更加符合教育规律和学生的实际需求。同时，也有助于激发学生的学习兴趣和动力，提高他们的学习效果和满意度。

（三）满足学生发展需求

（1）学生发展需求的变化。学生是教学活动的主体，他们的需求和变化是影响教学评价的重要因素。随着社会的发展和科技的进步，学生的需求也在不断变化。因此，评价体系需要不断优化以满足学生发展需求的变化。

（2）满足学生需求的措施。评价体系优化应关注学生的个性差异和多元化需求，确保评价能够全面、客观地反映学生的实际情况。例如，可以引入更多的个性化评价和学习路径规划，为学生提供更加灵活和多样化的学习选择；同时，也要关注学生的情感态度和价值观的培养，确保评价能够促进学生全面发展。

（3）满足学生需求的意义。通过优化评价体系来满足学生发展需求的变化，可以确保教学活动更加符合学生的实际需求和期望。同时，也有助于提高学生的参与度和满意度，促进他们的健康成长和全面发展。

（四）推动教育创新与发展

（1）教育创新的重要性。教育创新是推动教育事业持续发展的重要动力。通过引入新的教育理念、方法和资源，可以不断推动教育教学的改革和发展。因此，评价体系优化需要关注教育创新的需求。

（2）推动教育创新的途径。评价体系优化可以通过鼓励和支持教育创新来推动教育事业的发展。例如，可以设立教育创新基金或奖项，鼓励教师开展教学研究和创新实践；同时，也要加强对教育创新成果的推广和应用，确保创新成果能够得到有效利用和发挥。

（3）推动教育创新的意义。通过优化评价体系来推动教育创新和发展，可以不断推动教育教学的改革和进步。同时，也有助于提高教育的质量和效益，满足社会对高素质人才的需求。

二、评价体系优化的策略

在物联网单片机教学领域，评价体系的优化是提升教学质量、满足学生发展需求以及推动教育创新的关键。以下从四个方面详细分析评价体系优化的策略。

（一）明确评价目标与定位

（1）理解评价目标与定位的重要性。明确评价目标与定位是评价体系优化的首要步骤。清晰的目标和定位有助于确保评价活动始终围绕核心需求展开，避免偏离方向。

（2）确定评价目标与定位的方法。首先，需要深入分析物联网单片机教学的特点、目标和要求，明确评价的主要目的。其次，结合学生的学习需求和发展趋势，确定评价应关注的重点方面。最后，根据教学资源的实际情况，制定切实可行的评价目标与定位。

（3）评价目标与定位对教学的影响。明确的评价目标与定位有助于确保评价活动的针对性和实效性。通过聚焦关键领域和重点问题，可以更加精准地发现问题、制定改进措施，从而提升教学质量和效果。

（二）完善评价内容与指标

（1）分析现有评价内容与指标的不足。对现有评价内容与指标进行深入分析，找出其存在的问题和不足。例如，可能存在指标过于单一、缺乏针对性、忽视学生个体差异等问题。

（2）设计科学合理的评价内容与指标。在完善评价内容与指标时，应充分考虑物联网单片机教学的特点和学生发展需求。设计多元化的评价指标，包括知识掌握、技能应用、创新能力、情感态度等方面。同时，注重评价指标的层次性和梯度性，确保评价结果的全面性和准确性。

（3）完善评价内容与指标的意义。科学合理的评价内容与指标能够全面反映学生的学习情况和发展潜力，为教学改进提供有力支持。同时，也有助于激发学生的学习热情和动力，促进他们的全面发展。

（三）创新评价方法与技术

（1）认识传统评价方法的局限性。传统评价方法往往存在主观性强、效率低下、难以量化等问题。在物联网单片机教学中，这些问题尤为突出。

（2）探索新的评价方法与技术。为了克服传统评价方法的局限性，可以积极探索新的评价方法与技术。例如，利用大数据和人工智能技术对学生的学习过程进行实时跟踪和分析；采用项目式评价和任务式评价等方式来评估学生的实践能力和创新能力；利用同伴评价和自我评价等方式来激发学生的主体性和参与性。

（3）创新评价方法与技术的影响。新的评价方法与技术能够提高评价的效率和准确性，为教学改进提供更加全面和深入的数据支持。同时，也有助于培养学生的自主学习能力和团队协作能力，促进他们的全面发展。

（四）加强评价结果的反馈与应用

（1）认识评价结果反馈与应用的重要性。评价结果的反馈与应用是评价活动的重要环节。只有将评价结果及时、准确地反馈给教师和学生，并引导他们根据评价结果进行改进和调整，才能确保评价活动的有效性。

（2）建立有效的反馈机制。为了加强评价结果的反馈与应用，需要建立有效的反馈机制。例如，定期向教师和学生公布评价结果和分析报告；组织教师和学生进行反馈座谈和交流；为教师和学生提供改进建议和指导等。

（3）加强评价结果反馈与应用的意义。有效的反馈机制能够及时将评价结果反馈给教师和学生，引导他们进行改进和调整。同时，也有助于激发教师和学生的积极性和创造性，推动教学质量的持续提升和教育的创新发展。

三、评价体系优化的实施步骤

在物联网单片机教学领域，评价体系优化的实施是一个系统而复杂的过程，需要明确的目标、合理的策略以及具体的步骤。

（一）诊断现有评价体系的问题

（1）识别问题的重要性。在优化评价体系之前，需要识别现有评价体系存在的问题。这有助于我们了解体系的不足之处，为后续的优化提供方向。

（2）问题诊断的方法。

①收集数据。通过调查问卷、访谈、课堂观察等方式收集关于现有评价体系的数据。

②数据分析。对收集到的数据进行整理和分析，找出体系存在的问题，如评价指标不合理、评价方法单一、反馈机制不完善等。

③问题分类。将识别出的问题进行分类，明确哪些问题是亟待解决的，哪些是需要逐步改进的。

（3）问题诊断的意义。通过诊断现有评价体系的问题，能够更加清晰地了解体系的现状，为后续的优化提供有针对性的建议。

（二）制定优化方案

（1）明确优化目标。根据诊断结果，明确评价体系优化的目标，如提高评价的准确性、促进学生的全面发展、推动教育创新等。

（2）设计优化策略。根据优化目标，设计具体的优化策略，包括完善评价指标、创新评价方法、加强结果反馈等。同时，要确保策略具有可操作性和实效性。

（3）制定实施方案。将优化策略转化为具体的实施方案，明确实施的时间表、责任人、资源需求等。确保实施方案具有可行性和可持续性。

（4）方案制定的意义。制定优化方案是评价体系优化的关键环节，它为后续的实施提供了明确的指导和方向。

（三）实施优化方案

（1）组织与实施。按照实施方案，组织相关人员来实施。确保实施过程中各部门、各人员之间的协作与配合。

（2）监控与调整。在实施过程中，对实施情况进行监控和评估，及时发现问题并进行调整。确保实施过程能够按照既定方案进行，达到预期目标。

（3）资源保障。为实施优化方案提供必要的资源保障，包括人力、物力、财力等方面的支持。确保实施过程能够顺利进行。

（4）实施的意义。实施优化方案是评价体系优化的核心环节，只有将方案付诸实践，才能真正实现评价体系的优化和提升。

（四）评估与优化效果

（1）收集反馈。在优化方案实施后，收集教师、学生和其他利益相关者的反馈意见。了解他们对新评价体系的看法和建议。

（2）效果评估。对优化后的评价体系进行效果评估，包括评价准确性、学生发展、教育创新等方面的评估。通过数据分析和比较，了解优化效果是否达到预期目标。

（3）持续改进。根据评估结果和反馈意见，对评价体系进行持续改进。针对存在的问题和不足，制定新的优化策略和实施方案。确保评价体系能够不断适应教育环境的变化和学生需求的发展。

（4）评估与优化效果的意义。评估与优化效果是评价体系优化的最后环节，它有助于我们了解优化方案的实际效果，为后续的持续改进提供有力支持。同时，也有助于提升教学质量和满足学生发展需求，推动教育的创新与发展。

四、评价体系优化的效果评估

在物联网单片机教学领域，评价体系优化的效果评估是确保优化工作取得实效的关键环节。通过科学的评估方法，可以全面、客观地了解优化后的评价体系在教学实践中的表现，为后续的持续改进提供有力支持。

（一）评估标准的制定

（1）明确评估目标。需要明确评估的目标，即评估优化后的评价体系在哪些方面取得了成效。这有助于我们确定评估的重点和方向。

（2）设计评估指标。根据评估目标，设计具体的评估指标。这些指标应该能够全面反映评价体系的优化效果，包括评价准确性、学生参与度、教学质量提升等方面。

（3）制定评估标准。针对每个评估指标，制定具体的评估标准。这些标准应该具有可操作性和可衡量性，以便我们能够对优化效果进行量化分析。

（4）评估标准制定的意义。明确的评估标准和指标有助于我们系统地了解优化后的评价体系在教学实践中的表现，为后续的持续改进提供有针对性的建议。

（二）数据收集与分析

（1）数据来源。收集与评价体系优化相关的数据，包括教师评价、学生评价、课程质量监测数据等。这些数据来源应该具有代表性和广泛性，以确保评估结果的准确性和可靠性。

（2）数据整理。对收集到的数据进行整理，包括数据清洗、分类、汇总等。确保数据的准确性和一致性，为后续的分析提供基础。

（3）数据分析。运用统计学方法和数据分析工具，对整理后的数据进行深入分析。通过对比优化前后的数据变化，了解优化效果的具体表现。

（4）数据收集与分析的意义。数据收集与分析是评估优化效果的基础工作。通过系统地收集和分析数据，可以全面、客观地了解优化后的评价体系在教学实践中的表现，为后续的持续改进提供有力支持。

（三）评估结果呈现与解读

（1）结果呈现。将评估结果以图表、报告等形式进行呈现。确保结果呈现具有直观性和可读性，便于相关人员理解和接受。

（2）结果解读。对评估结果进行解读，明确优化后的评价体系在哪些方面取得了成效，哪些方面还存在不足。同时，分析优化效果产生的原因和影响因素。

（3）结果反馈。将评估结果及时反馈给相关人员，包括教师、学生、管理者等。鼓励他们提出意见和建议，为后续的持续改进提供参考。

（4）评估结果呈现与解读的意义。评估结果的呈现与解读有助于我们全面、深入地了解优化后的评价体系在教学实践中的表现。通过解读结果和反馈意见，可以发现存在的问题和不足，为后续的持续改进提供有针对性的建议。

（四）持续改进与优化

（1）总结经验教训。根据评估结果和反馈意见，总结评价体系优化过程中的经验教训。明确哪些做法取得了成功，哪些做法需要改进。

（2）制定改进措施。针对评估结果中发现的问题和不足，制定具体的改进措施。这些措施应该具有针对性和可操作性，以确保能够切实解决存在的问题。

（3）实施改进措施。将改进措施付诸实践，确保改进措施得到有效执行。同时，对实施过程进行监控和评估，确保改进措施能够取得预期效果。

（4）持续改进与优化的意义。持续改进与优化是评价体系优化的永恒主题。通过总结经验教训、制定改进措施并付诸实践，可以不断优化评价体系，提高其在教学实践中的有效性和适应性。这有助于我们更好地满足学生和社会的需求，推动教育的创新与发展。

第七章　物联网单片机教学团队建设

第一节　教学团队的重要性与要求

一、教学团队在物联网单片机教学中的作用

在物联网单片机教学的领域中，教学团队扮演着至关重要的角色。一个优秀的教学团队不仅能够提供高质量的教学内容和教学方法，还能够激发学生的学习兴趣，促进他们的全面发展。

（一）提供专业的教学内容和指导

物联网单片机教学涉及的知识领域广泛，包括电子技术、编程技术、通信技术等多个方面。一个专业的教学团队能够为学生提供全面、系统的教学内容，确保学生掌握必要的知识和技能。团队成员在各自专业领域具有深厚的学术背景和丰富的教学经验，能够为学生提供专业的指导和建议，帮助他们解决学习中的难题。

此外，教学团队还能够根据物联网单片机技术的发展趋势，不断更新教学内容和教学方法，确保学生学到的知识具有时效性和实用性。

（二）激发学生的学习兴趣和动力

一个优秀的教学团队能够激发学生的学习兴趣和动力，帮助他们形成积极的学习态度。团队成员通过精心设计的教学案例、实验项目和实践活动，引导学生主动参与学习过程，培养他们的实践能力和创新精神。同时，团队成员还能够关注学生的个体差异，提供个性化的学习指导，帮助他们实现自我发展和提升。

（三）促进教学资源的共享和协作

教学团队在物联网单片机教学中，能够促进教学资源的共享和协作。团队成员之间可以互相交流教学经验、分享教学资源，共同提高教学效果。此外，教学团队还可以与校内外其他教学机构、企业等建立合作关系，引入外部优质教学资源，为学生提供更加丰富的学习机会。

通过教学资源的共享和协作，教学团队能够形成合力，为学生提供更加全面、优质的教学服务。

（四）推动教学改革和创新

教学团队在物联网单片机教学中，还能够推动教学改革和创新。团队成员积极探索新的教学理念、教学方法和教学手段，不断尝试和改进教学实践。他们关注学生的学习需求和反馈，及时调整教学内容和教学方法，以适应不同学生的学习需求和发展趋势。

同时，教学团队还能够积极参与教学改革项目和研究课题，为教学改革和创新提供理论支持和实践经验。他们的研究成果不仅有助于推动物联网单片机教学的发展，还能够为其他领域的教学改革和创新提供借鉴和启示。

二、优秀教学团队的基本特征

在物联网单片机教学领域，一个优秀的教学团队是教学质量提升和学生能力培养的关键因素。

（一）团队目标明确且协同一致

优秀的物联网单片机教学团队通常具有清晰、明确且共同的教学目标。这些目标不仅包括学术知识的传授，更强调学生实践能力的培养、创新思维的形成以及职业素养的提升。团队成员对教学目标有深入的理解和认同，并在教学实践中共同努力，确保目标的实现。

此外，团队成员之间需要保持高度的协同性。他们不仅在教学内容、教学方法上保持一致，还在教学资源共享、教学进度安排等方面相互协调，确保教学工作的顺利进行。这种协同性有助于形成团队合力，提高教学效果。

（二）成员专业能力强且互补性强

一个优秀的物联网单片机教学团队，其成员往往具备深厚的专业背景和丰富的实践经验。他们在各自的领域内拥有扎实的理论基础和熟练的实践技能，能够为学生提供高质量的教学服务。

同时，团队成员之间的专业能力应具有一定的互补性。这种互补性不仅体现在专业知识的覆盖面上，还体现在教学方法、教学风格等方面。通过相互学习、相互借鉴，团队成员能够不断提升自己的教学能力，为学生提供更加全面、多元的教学体验。

（三）持续学习与创新能力突出

物联网单片机技术日新月异，教学团队需要不断跟进新技术、新理论的发展，更新教学内容和教学方法。因此，优秀的教学团队通常具备较强的持续学习能力和创新能力。

他们关注行业动态和技术发展趋势，及时引入新的教学内容和教学方法。同时，团队成员还积极参与教学改革和创新实践，探索适合物联网单片机教学的新模式、新方法。这种持续学习和创新能力有助于保持教学团队的活力和竞争力，提高教学效果。

（四）注重学生需求与反馈，持续改进

优秀的教学团队始终将学生的需求和反馈作为教学工作的出发点和落脚点。他们关注学生的个体差异和学习需求，为学生提供个性化的教学服务。同时，团队成员还积极收集学生的反馈意见，对教学工作进行持续改进。

这种关注学生需求和反馈的态度有助于教学团队不断发现问题、解决问题，提高教学效果。同时，通过持续改进，教学团队还能够不断提升自身的教学能力和水平，为学生提供更加优质的教学服务。

三、团队建设的基本原则

在物联网单片机教学领域，一个高效、专业的教学团队是提升教学质量、培养学生创新能力的重要保障。为了确保教学团队建设的顺利进行，下面从四个方面详细分析物联网单片机教学团队建设的基本原则。

（一）明确目标与定位，聚焦核心教学任务

在物联网单片机教学团队建设中，明确目标与定位是首要原则。团队需要明确自身的核心教学任务，即为学生提供高质量的物联网单片机教学，培养学生的实践能力和创新精神。为实现这一目标，团队应制定具体、可衡量的教学目标，如提高学生的技能掌握程度、增强学生的实践操作能力等。同时，团队应关注行业动态和技术发展趋势，及时调整教学内容和教学方法，确保教学内容的前沿性和实用性。

在定位方面，教学团队应明确自身在物联网单片机教学领域中的位置和角色。团队应分析自身的教学资源、师资力量和教学特色等优势，确定在教学中的独特地位。同时，团队应关注学校整体发展战略和学科发展规划，确保团队目标与学校、学科发展目标相契合。

（二）注重团队协作与分工，形成合力

团队协作与分工是物联网单片机教学团队建设的又一重要原则。团队成员之间应相互尊重、相互支持、相互学习，形成合力共同完成教学任务。为实现团队协作与分工，团队应建立明确的组织结构和管理机制，明确各成员的职责和任务。同时，团队应加强内部沟通和交流，促进信息共享和资源整合，提高教学资源的利用效率。

在分工方面，教学团队应根据成员的专业背景和教学特长进行合理分工。例如，可以安排具有丰富实践经验的教师负责实验和实训课程的教学工作，具有深厚理论功底的教师则负责理论课程的讲授工作。此外，团队还可以引入企业导师和行业专家参与教学工作，为学生提供更加贴近实际的教学资源和实践机会。

（三）强化教师培训与发展，提升团队整体实力

教师培训与发展是物联网单片机教学团队建设的关键环节。教学团队应关注教师的专业素养和教学能力提升，为教师提供必要的培训和发展机会。为实现这一目标，团队应建立完善的教师培训机制，如定期组织教师培训、邀请专家进行学术讲座和技术交流等。同时，团队应鼓励教师参与科研项目和教学改革工作，提升教师的科研能力和创新意识。

在教师培训与发展过程中，教学团队应注重教师的个性化和差异化发展。团

队应关注教师的专业兴趣和特长领域，为教师提供个性化的培训和发展计划；还应关注教师的心理健康和职业发展需求，为教师提供必要的支持和帮助。

（四）建立有效激励机制，激发团队活力

建立有效激励机制是物联网单片机教学团队建设的又一重要原则。激励机制能够激发团队成员的积极性和创造力，提高团队的整体效能。为实现这一目标，教学团队应建立科学的评价和奖惩机制，对在教学工作中表现优秀的成员进行表彰和奖励，对表现不佳的成员进行必要的指导和帮助。同时，团队还应关注成员的个人需求和职业发展需求，为成员提供个性化的激励和支持。

在激励机制建立过程中，教学团队应注重公平、公正和透明原则。团队应确保评价和奖惩机制的客观性和公正性，避免主观性和偏见的影响。团队应公开评价和奖惩结果，接受成员的监督和反馈，确保激励机制的有效性和可持续性。

四、教学团队建设的目标

在物联网单片机教学的背景下，教学团队建设具有至关重要的意义。一个高效、专业的教学团队不仅能够为学生提供优质的教学资源，还能够推动教学方法的创新，培养学生的实践能力和创新精神。

（一）提升教学质量，确保学生掌握核心技能

物联网单片机教学团队的首要目标是提高教学质量，确保学生能够掌握物联网和单片机技术的核心知识和技能。为此，教学团队需要不断更新教学内容，引入最新的技术成果和行业动态，使学生能够跟上时代的步伐。同时，教学团队还需要注重教学方法的创新，采用更加灵活、多样的教学方式，如项目驱动、案例分析等，激发学生的学习兴趣和积极性。此外，教学团队还需要建立科学的评价体系，对学生的学习效果进行客观、全面的评价，为学生提供及时的反馈和指导。

在团队建设方面，教学团队应选拔具有丰富教学经验和专业技能的教师，加强教师的培训和交流，提高教师的专业素养和教学能力。同时，教学团队还应积极引入企业导师和行业专家，为学生提供更加贴近实际的教学资源和实践机会。

（二）加强实践教学，培养学生的实践能力

物联网单片机是一门实践性很强的课程，因此教学团队需要注重实践教学环

节的建设。教学团队应建立完善的实践教学体系，包括实验课程、实训课程、课程设计等，为学生提供充足的实践机会。同时，教学团队还应与企业合作，建立校企合作基地，为学生提供更加真实的实践环境。

在实践教学中，教学团队应注重培养学生的实践能力和创新精神。教师可以通过设计具有挑战性的实践项目，引导学生主动思考、解决问题，培养学生的创新思维和团队协作能力。同时，教师还应关注学生的实践过程，及时给予指导和帮助，确保学生能够在实践中获得真正的收获。

（三）推动教学方法创新，提高教学效率

随着信息技术的不断发展，物联网单片机教学团队需要不断探索新的教学方法和手段，以提高教学效率。教学团队可以借助信息技术手段，如在线教学平台、虚拟仿真软件等，为学生提供更加便捷、高效的学习体验。同时，教学团队还可以尝试采用翻转课堂、混合式教学等新型教学模式，激发学生的学习兴趣和主动性。

在教学方法创新方面，教学团队应注重教师的培训和引导。教师可以通过参加教学研讨会、交流会等活动，了解最新的教学方法和趋势，不断更新自己的教学理念和方法。同时，教学团队还应加强教学资源的共享和交流，为教师提供更多的教学资源和支持。

（四）构建良好的教学氛围，促进师生交流

物联网单片机教学团队建设的另一个重要目标是构建良好的教学氛围，促进师生之间的交流和互动。教学团队可以通过组织学术讲座、技术交流会等活动，为师生提供一个交流学习的平台。同时，教学团队还应注重与学生的沟通和交流，了解学生的学习需求和困难，为学生提供及时的帮助和支持。

在构建良好的教学氛围方面，教学团队应倡导开放、合作、创新的精神。教师可以通过鼓励学生参与科研项目、竞赛等活动，培养学生的创新精神和团队协作能力。同时，教学团队还应注重教师的师德师风建设，树立良好的教师形象，为学生提供良好的学习榜样。

第二节 团队成员的选拔与培养

一、团队成员的选拔标准

在物联网单片机教学领域，选拔合适的团队成员是确保教学质量和团队效能的关键。

（一）专业技能与知识背景

在选拔物联网单片机教学团队成员时，首先需要考虑的是候选人的专业技能与知识背景。这包括对物联网和单片机技术的深入理解和掌握，以及相关领域的前沿知识和实践经验。候选人应具备扎实的理论基础和实验技能，能够熟练运用相关软件和设备进行教学和实验。此外，候选人还应具备持续学习和自我提升的能力，以适应不断变化的教学需求和技术发展趋势。

为了评估候选人的专业技能与知识背景，可以采用笔试、面试、实践操作等多种方式进行综合考察。同时，可以关注候选人在相关领域的研究和项目经验，及其在学术界的知名度和影响力。

（二）教学经验与教学方法

除了专业技能与知识背景外，候选人的教学经验和教学方法也是选拔团队成员时需要考虑的重要因素。候选人应具备丰富的教学经验，能够根据学生的实际情况和需求制订合理的教学计划和教学方案。同时，候选人还应掌握多种教学方法和手段，能够激发学生的学习兴趣和积极性，提高教学效果。

为了评估候选人的教学经验和教学方法，可以邀请候选人进行试讲或观摩其课堂教学过程。同时，可以关注候选人在过去教学中的评价和反馈，及其在教学方法和手段上的创新和探索。

（三）团队协作与沟通能力

物联网单片机教学团队是一个高度协作的集体，因此候选人的团队协作和沟通能力也是选拔团队成员时需要考虑的因素。候选人应具备良好的团队协作精神，能够积极参与团队讨论和合作，共同解决教学中的问题和挑战。同时，候选人还应具备良好的沟通能力，能够与学生、同事和学校管理层进行有效的沟通和交流。

为了评估候选人的团队协作和沟通能力，可以组织候选人参与团队讨论和合作任务，观察其在团队中的表现和贡献。同时，可以通过面试和问卷调查等方式了解候选人的沟通能力和人际交往能力。

（四）职业道德与敬业精神

职业道德和敬业精神是选拔团队成员时不可忽视的因素。候选人应具备良好的职业道德和敬业精神，能够以身作则、为人师表，为学生树立榜样。同时，候选人还应具备高度的责任感和使命感，对教学事业充满热情和投入。

为了评估候选人的职业道德和敬业精神，可以通过了解其过去的工作经历、职业规划和价值观等方面进行判断。同时，可以通过面试和背景调查等方式了解其个人品质和道德素质。

二、团队成员的专业背景与技能要求

在物联网单片机教学领域，团队成员的专业背景与技能要求对于确保教学质量和团队效能至关重要。

（一）深厚的物联网理论基础

物联网技术作为一个跨学科领域，涵盖了计算机科学、通信技术、电子技术等多个学科的知识。因此，团队成员应具备深厚的物联网理论基础，包括物联网的体系结构、工作原理、关键技术以及应用场景等方面的知识。他们应能够深入理解物联网的核心概念和原理，掌握物联网技术的前沿动态和发展趋势。这样的专业背景能够帮助团队成员更好地指导学生进行物联网项目实践，解决学生在学习中遇到的问题。

为了满足这一要求，团队成员在选拔时应注重其学术背景和学术成果。他们应拥有相关领域的硕士或博士学位，并在物联网领域发表过高质量的学术论文或拥有相关的科研项目经验。这样的学术背景能够确保团队成员具备扎实的理论基础和较高的研究水平。

（二）熟练的单片机编程与调试能力

单片机作为物联网系统的核心控制器，其编程与调试能力是团队成员必须掌握的关键技能。团队成员应熟练掌握单片机编程语言（如 C 语言、汇编语言等），了解单片机的内部结构和工作原理，能够独立完成单片机程序的设计、编写和调试工作。此外，他们还应熟悉常用的单片机开发工具（如 Keil、IAR 等），并能够利用这些工具进行高效的单片机程序开发。

为了满足这一要求，团队成员在选拔时应注重其实践经验和技能水平。他们应拥有相关的单片机项目经验，能够展示其在实际项目中的编程和调试能力。同时，他们还应具备持续学习和自我提升的能力，能够不断跟踪单片机技术的发展趋势，掌握最新的编程和调试技能。

（三）跨学科的知识融合能力

物联网单片机教学涉及多个学科的知识融合，如计算机科学、电子工程、通信工程等。因此，团队成员应具备跨学科的知识融合能力，能够将不同学科的知识有机地结合起来，形成完整的知识体系。他们应能够深入理解物联网单片机系统的各个组成部分和工作原理，并能够将其应用于实际的教学和科研工作。

为了满足这一要求，团队成员在选拔时应注重其学科背景和知识广度。他们应拥有多个学科的学习经历或背景，能够展示其在跨学科知识融合方面的能力和经验。同时，他们还应具备开放的心态和学习的意愿，能够积极学习新的知识和技能，不断拓宽自己的知识视野。

（四）持续的创新能力与探索精神

物联网技术是一个快速发展的领域，新的技术和应用不断涌现。因此，团队成员应具备持续的创新能力与探索精神，能够不断跟踪新技术的发展趋势，探索新的教学方法和科研方向。他们应能够根据学生的需求和兴趣制订创新性的教学计划和实验方案，激发学生的创新精神和实践能力。同时，他们还应具备勇于尝试和敢于创新的精神，能够积极承担科研项目和教学改革任务，推动物联网单片机教学的创新和发展。

为了满足这一要求，团队成员在选拔时应注重其创新意识和创新能力。他们应拥有一定的科研项目经验和教学改革经验，能够展示其在创新方面的能力和成果。同时，他们还应具备开放的心态和学习的意愿，能够积极接受新的思想和观念，不断推动自己的创新能力和探索精神的发展。

三、团队成员的培养计划与实施

在物联网单片机教学团队的建设中，团队成员的培养计划与实施是确保团队持续发展和教学质量提升的关键环节。

（一）明确培养目标与规划

在制订团队成员培养计划时，首先要明确培养目标与规划。这包括确定团队成员在专业技能、教学方法、团队协作和创新能力等方面的提升目标，以及制定具体可行的培养措施和时间表。目标应具体、可衡量，并与团队的整体发展战略和教学目标相契合。同时，要充分考虑团队成员的个人需求和职业发展规划，确保培养计划既符合团队需要，又能促进个人的成长和发展。

在实施培养计划时，需要定期评估团队成员的进展和成果，并根据实际情况进行调整和优化。通过定期的培训、研讨、实践等活动，提升团队成员的专业素养和教学能力，同时加强团队内部的沟通和协作，形成共同发展的良好氛围。

（二）制定个性化的培养方案

每个团队成员都有其独特的专业背景、教学经验和个人特点，因此在制订培养计划时，需要充分考虑团队成员的个体差异，制定个性化的培养方案。这包括根据团队成员的实际情况，量身定制培训课程、实践项目和科研任务等，以满足其个性化的成长需求。

同时，要关注团队成员的反馈和意见，及时调整培养方案，确保计划的实施能够真正促进团队成员的成长和发展。此外，还可以为团队成员提供多样化的学习资源和机会，如参加学术会议、研讨会、培训课程等，以拓宽其知识视野和提升专业素养。

（三）强化实践教学与项目经验

物联网单片机教学是一门实践性很强的学科，因此实践教学和项目经验对于团队成员的成长至关重要。在制订培养计划时，需要注重实践教学和项目经验的积累，为团队成员提供充足的实践机会和项目资源。

可以组织团队成员参与各类物联网项目、竞赛和实践活动，如课程设计、毕业设计、实验室开放项目等，让其在实践中提升技能和经验。同时，还可以邀请企业导师和行业专家参与团队的教学和项目指导，为团队成员提供更加贴近实际的教学资源和实践机会。

（四）建立有效的激励机制与评估体系

为了激发团队成员的积极性和创造力，需要建立有效的激励机制与评估体系。这包括制定明确的奖惩措施和晋升机制，对在教学和科研工作中表现优秀的团队成员给予表彰和奖励；同时，也要对表现不佳的团队成员进行必要的指导和帮助，促进其改进和提升。

在评估体系方面，需要建立科学、公正、透明的评估机制，对团队成员的教学能力、科研能力、团队协作能力等方面进行全面评估。评估结果应作为团队成员晋升、奖惩和发展的重要依据，以促进团队成员的持续发展和成长。

四、团队成员的职业发展路径规划

在物联网单片机教学团队中，为团队成员规划清晰的职业发展路径，不仅有助于提升团队的凝聚力，还能激发团队成员的积极性和创造力。

（一）明确职业发展方向与目标

团队成员的职业发展路径规划需要明确职业发展方向与目标。这包括根据个人兴趣、特长和团队需求，确定团队成员在物联网单片机教学领域的专业发展方向，如硬件设计、软件开发、系统集成等。同时，结合团队成员的实际情况，设定短期、中期和长期的职业发展目标，如提升专业技能、积累项目经验、担任教学或科研职务等。

在明确职业发展方向与目标的过程中，需要充分考虑团队成员的个人意愿和职业规划，确保规划既符合团队需要，又能促进个人的成长和发展。同时，要与团队成员进行充分的沟通和交流，确保其对职业发展路径有清晰的认识和规划。

（二）构建多层次的职业发展阶梯

为了支持团队成员的职业发展，需要构建多层次的职业发展阶梯。这包括在教学、科研、管理等方面设立不同层级的职务和岗位，为团队成员提供多样化的职业发展机会。例如，在教学方面，可以设置助教、讲师、副教授、教授等岗位；在科研方面，可以设置研究员、副研究员、课题组长等岗位；在管理方面，可以设置项目经理、团队负责人、部门主管等岗位。

通过构建多层次的职业发展阶梯，可以为团队成员提供明确的晋升路径和发展空间，激发其积极进取的精神。同时，也可以为团队吸引和留住优秀人才，提高团队的凝聚力和竞争力。

（三）提供多元化的职业发展支持

为了促进团队成员的职业发展，需要提供多元化的职业发展支持。这包括提供培训和学习机会，帮助团队成员提升专业技能和知识水平；提供项目和实践机会，让团队成员在实践中积累经验和提升能力；提供导师和专家指导，为团队成员提供职业发展和学术研究的指导和支持。

此外，还需要为团队成员提供职业发展咨询和规划服务，帮助他们制订个性化的职业发展计划和目标。通过提供多元化的职业发展支持，可以为团队成员提供全方位的职业发展保障，促进其快速成长和发展。

（四）建立科学的评估与激励机制

为了保障团队成员职业发展路径规划的顺利实施，需要建立科学的评估与激励机制。这包括制定明确的评估标准和程序，对团队成员在教学、科研、管理等方面的表现进行全面、客观、公正的评估。同时，根据评估结果，对表现优秀的团队成员给予相应的奖励和激励，如晋升、加薪、奖金等。

在建立评估与激励机制时，需要注重公平性和透明性，确保评估结果的客观性和准确性。同时，还需要注重激励的多样性和个性化，以满足不同团队成员的需求和期望。通过科学的评估与激励机制，可以激发团队成员的积极性和创造力，促进其不断追求更高的职业发展和成就。

第三节　团队协作与沟通机制

一、团队协作的基本原则

在物联网单片机教学领域，团队协作是确保教学质量和团队效能的关键因素。

（一）共同目标与愿景

团队协作的首要原则是确立共同的目标与愿景。团队成员应明确团队的总体目标和教学愿景，理解个人在团队中的角色和贡献，以确保个人的努力与团队的目标保持一致。共同的目标与愿景能够激发团队成员的积极性和归属感，增强团队的凝聚力和向心力。

在物联网单片机教学团队中，共同的目标可能包括提升教学质量、推动教学改革、培养创新人才等。为了实现这些目标，团队成员需要共同制订教学计划和科研方向，明确各自的任务和职责，形成协同工作的良好氛围。

（二）明确分工与责任

团队协作的第二个原则是明确分工与责任。在物联网单片机教学团队中，每个成员都应有明确的职责和任务，以确保工作的顺利进行。同时，团队成员应相互尊重、信任和支持，形成互补互助的合作关系。

在分工方面，可以根据团队成员的专业背景和技能特长进行合理分配。例如，有的成员擅长硬件设计，可以负责相关的教学和科研工作；有的成员擅长软件开发，可以承担软件部分的教学任务。在责任方面，应明确每个成员的具体职责和任务，并建立相应的考核机制，以确保工作的质量和效率。

（三）有效沟通与协作

团队协作的第三个原则是有效沟通与协作。在物联网单片机教学团队中，成员之间需要保持密切的沟通和协作，以确保信息的及时传递和工作的顺利进行。有效的沟通可以消除误解和隔阂，增强团队的凝聚力和向心力；协作则可以实现资源的共享和互补，提高工作的效率和质量。

为了实现有效沟通与协作，可以采取多种措施。例如，定期召开团队会议，分享工作进展和遇到的问题；建立信息共享平台，方便成员之间交流信息；鼓励成员之间互相学习和交流经验等。同时，还需要注重沟通技巧和协作能力的培养，以提高团队成员的沟通能力和协作能力。

（四）持续学习与改进

团队协作的第四个原则是持续学习与改进。在物联网单片机教学领域，技术和知识更新迅速，团队成员需要保持持续学习的态度，不断提升自己的专业素养和教学能力。同时，团队也需要不断改进教学方法和科研方向，以适应行业发展的需求。

为了实现持续学习与改进，可以采取多种措施。例如，定期组织团队成员参加培训和学术活动，了解最新的技术和研究动态；鼓励团队成员参与科研项目和实践活动，积累经验和提升能力；建立反馈机制，收集学生和同行的意见和建议，不断改进教学方法和科研方向等。

二、团队内部沟通渠道的建立与维护

在物联网单片机教学团队中，内部沟通渠道的建立与维护对于保持团队高效运作和协作至关重要。

（一）选择合适的沟通方式

在物联网单片机教学团队中，建立与维护沟通渠道的关键是选择合适的沟通方式。团队内部沟通可以通过面对面会议、电子邮件、即时通信软件、项目管理系统等多种方式进行。在选择沟通方式时，需要考虑团队成员的地理位置、工作习惯、时间安排等因素，确保信息能够高效、准确地传递。

例如，对于地理位置相近的成员，可以定期举行面对面会议，直接交流和讨论教学计划和科研问题；对于远程工作的成员，则可以通过电子邮件或即时通信软件进行远程沟通。同时，还可以利用项目管理系统等工具，实现任务分配、进度跟踪和文件共享等功能，提高沟通效率。

（二）明确沟通内容与频率

建立与维护沟通渠道还需要明确沟通内容和频率。团队成员应明确知道何时、何地、以何种方式进行沟通，以及需要传递哪些信息。为了确保信息的及时性和有效性，团队应设定固定的沟通时间和频率，如每周的团队例会、每月的项目进展报告等。

在沟通内容方面，应重点关注教学进度、科研进展、问题反馈等方面。团队成员应及时分享自己的工作进展和遇到的问题，以便其他成员能够了解团队整体情况并提供帮助。同时，团队领导也应定期向成员传达团队目标、计划和期望，确保团队成员对团队工作有清晰的认识。

（三）营造开放的沟通氛围

在物联网单片机教学团队中，营造开放的沟通氛围是建立与维护沟通渠道的关键。团队领导应鼓励成员之间互相交流和分享经验，尊重每个人的观点和贡献。同时，团队应建立一种包容的文化氛围，允许成员在沟通中表达不同的意见和看法。

为了营造开放的沟通氛围，团队可以采取多种措施。例如，定期组织团队建设活动，增强团队成员之间的了解和信任；鼓励成员在团队会议中积极发言和提问；设立匿名反馈渠道，让成员能够自由地表达意见和建议等。这些措施有助于打破沟通障碍，促进团队成员之间的交流和合作。

（四）定期评估与改进沟通渠道

建立与维护沟通渠道还需要定期评估和改进。团队应定期回顾沟通渠道的使用情况，分析存在的问题和不足，并制定相应的改进措施。通过评估和改进，可以不断优化沟通渠道的性能和效率，提高团队整体协作水平。

在评估过程中，可以关注以下几个方面：沟通渠道的覆盖范围是否广泛、信息传递是否及时准确、沟通方式是否便捷高效等。针对存在的问题和不足，团队可以采取相应的改进措施。例如，优化项目管理系统的功能和使用体验；增加团队会议的频次和时长；改进即时通信软件的稳定性和安全性等。这些改进措施有助于提升团队内部沟通渠道的性能和效率，促进团队成员之间的协作和合作。

三、团队决策机制与流程

在物联网单片机教学团队中，有效的决策机制与流程是确保团队高效运作和决策质量的重要保障。

（一）明确决策目标与范围

团队决策机制与流程应明确决策的目标与范围。决策目标是团队希望通过决策实现的具体目标或期望结果，决策范围则是指决策所涉及的领域、问题或事项。在物联网单片机教学团队中，决策目标可能包括教学计划调整、科研方向选择、教学资源分配等，决策范围则涵盖教学、科研、管理等多个方面。

明确决策目标与范围有助于团队成员对决策内容有清晰的认识，避免在决策过程中出现目标模糊或范围过大的情况。同时，也有助于团队成员在决策过程中保持一致性，确保决策结果符合团队的总体目标和愿景。

（二）建立决策团队与职责分工

团队决策机制与流程需要建立决策团队并明确职责分工。决策团队应由具备相关专业知识和经验的团队成员组成，以确保决策过程的专业性和科学性。在物联网单片机教学团队中，决策团队可能包括教学负责人、科研骨干、技术专家等。

明确职责分工是确保决策过程有序进行的关键。团队成员应明确自己在决策过程中的角色和职责，如信息搜集、数据分析、方案制定、决策执行等。通过明确的职责分工，可以确保每个成员都能充分发挥自己的专业优势，共同为决策质量贡献力量。

（三）制定决策流程与规范

制定决策流程与规范是团队决策机制与流程的核心内容。在物联网单片机教学团队中，决策流程可能包括以下几个步骤：问题识别、信息收集与分析、方案制定与评估、决策执行与监控等。每个步骤都需要遵循相应的规范和标准，以确保决策过程的规范性和科学性。

在问题识别阶段，团队成员需要明确决策问题的性质、范围和影响；在信息收集与分析阶段，需要搜集和分析与决策问题相关的各种信息；在方案制定与评估阶段，需要制定多个备选方案并进行评估比较；在决策执行与监控阶段，则需要确保决策得到有效执行并对执行过程进行监控和评估。

通过制定决策流程与规范，可以确保团队成员在决策过程中遵循相同的标准和程序，减少决策过程中的主观性和随意性。同时，也有助于团队成员更好地理解和执行决策结果，提高团队的整体协作水平。

（四）建立决策评估与反馈机制

团队决策机制与流程需要建立决策评估与反馈机制。决策评估是对决策过程和结果进行评价和分析的过程，旨在发现问题、总结经验并改进决策机制。在物联网单片机教学团队中，决策评估可以通过问卷调查、访谈、数据分析等方式进行。

通过决策评估，可以发现决策过程中存在的问题和不足，并制定相应的改进措施。同时，也可以总结决策过程中的成功经验和优秀做法，为今后的决策提供参考和借鉴。此外，建立反馈机制可以让团队成员对决策结果提出意见和建议，为持续改进决策机制提供有力支持。

四、团队协作与沟通的案例分享

在物联网单片机教学领域，团队协作与沟通的重要性不言而喻。下面将通过四个方面的案例分享，深入剖析团队协作与沟通在实际工作中的应用和效果。

（一）案例背景与问题描述

我们来看一个物联网单片机教学团队面临的典型问题。假设该团队在开发一款基于物联网技术的智能教学系统时，遇到了技术难题和教学资源分配不均的问题。团队成员在各自擅长的领域有所进展，但由于缺乏有效的沟通和协作，导致整体进度受阻。

针对这一问题，团队需要建立有效的沟通和协作机制，确保成员之间能够顺畅地交流信息、分享经验，并共同解决问题。

（二）沟通与协作策略的制定

为了解决上述问题，该团队采取了以下沟通与协作策略：

（1）设立定期沟通会议。团队每周举行一次线上或线下的沟通会议，让每个成员都有机会分享自己的工作进展、遇到的问题以及解决方案。这有助于增强团队成员之间的了解和信任，促进信息共享和问题解决。

（2）明确分工与责任。团队根据成员的专业背景和技能特长进行合理分工，确保每个成员都明确自己的任务和责任。同时，建立相应的考核机制，以激励成员按时完成工作并保证工作质量。

（3）利用协作工具。团队采用了一些协作工具，如项目管理软件、即时通信工具等，以便成员之间随时随地进行沟通和协作。这些工具能够提高沟通效率，减少信息传递的延误和误解。

（三）沟通与协作策略的实施与效果

在实施了上述沟通与协作策略后，该团队取得了显著的成效：

（1）提高了沟通效率。通过定期沟通会议和协作工具的使用，团队成员之间的沟通变得更加顺畅和高效。大家能够及时了解彼此的工作进展和遇到的问题，共同寻求解决方案。

（2）促进了资源共享。团队成员之间通过分享经验和资源，实现了资源共享和优势互补。这不仅提高了团队整体的技术水平，还加快了项目开发的进度。

（3）增强了团队凝聚力。通过共同解决问题和协作完成任务，团队成员之间的信任和默契得到了增强。大家更加团结一致，共同为团队的目标和愿景努力。

（四）案例总结

（1）有效的沟通与协作是团队成功的关键。在物联网单片机教学领域，团队成员需要保持密切的沟通和协作，以确保项目的顺利进行和目标的达成。

（2）设立定期沟通会议和明确分工与责任是建立有效沟通与协作机制的重要手段。这有助于增强团队成员之间的了解和信任，促进信息共享和问题解决。

（3）利用协作工具能够提高沟通效率和质量。在物联网单片机教学团队中，可以采用项目管理软件、即时通信工具等协作工具来辅助团队沟通与协作。

（4）不断总结经验教训并持续改进是团队持续发展的动力。通过分享成功案例和总结经验教训，团队可以不断优化沟通与协作机制，提高整体协作水平和决策质量。

第四节　团队教学与科研能力的提升

一、教学与科研能力的定义与重要性

在物联网单片机教学领域，教学与科研能力是团队核心竞争力的重要组成部分。

（一）教学与科研能力的定义

教学与科研能力是教师在教学工作和科研工作中所具备的综合能力。在教学方面，教学能力包括教学设计、教学实施、教学评价等能力，要求教师能够根据学生的特点和需求，制订合理的教学计划，运用有效的教学方法，激发学生的学习兴趣，培养学生的创新能力和实践能力。在科研方面，科研能力包括科研选题、科研设计、科研实施、科研总结等能力，要求教师能够关注学科前沿，发现有价值的研究问题，制定科学的研究方案，严谨地进行实验和研究，取得具有一定创新性和实用性的研究成果。

（二）教学能力的重要性

教学能力对于物联网单片机教学团队来说具有重要意义。首先，优秀的教学能力能够确保教学质量，帮助学生掌握扎实的专业知识和实践技能，为未来的职业发展奠定坚实的基础；其次，教学能力强的教师能够激发学生的学习兴趣和求知欲，培养学生的自主学习能力和创新精神，提高学生的综合素质；最后，教学能力强的教师还能够为团队树立良好的教学形象和品牌，吸引更多的学生加入团队，推动团队不断发展壮大。

（三）科研能力的重要性

科研能力在物联网单片机教学团队中同样至关重要。首先，科研能力强的教师能够关注学科前沿，发现有价值的研究问题，推动学科的发展和创新；其次，科研能力强的教师能够制定科学的研究方案，严谨地进行实验和研究，取得具有一定创新性和实用性的研究成果，为团队和学校赢得荣誉和声誉；再次，科研能力强的教师还能够将科研成果转化为教学资源，丰富教学内容和形式，提高教学效果和质量；最后，科研能力强的教师还能够为学生树立榜样和引领，激发学生的科研兴趣和热情，培养学生的科研能力和创新精神。

（四）教学与科研能力的相互促进

教学与科研能力在物联网单片机教学团队中是相互促进的。一方面，教学能力强的教师能够为学生提供优质的教学资源和指导，帮助学生掌握扎实的专业知识和实践技能，为科研工作的开展提供有力支持。另一方面，科研能力强的教师能够关注学科前沿，发现有价值的研究问题，推动学科的发展和创新，为教学工作提供新的思路和方法。因此，在物联网单片机教学团队中，应该注重培养和提高教师的教学与科研能力，鼓励教师开展跨学科的教学与科研合作，推动团队的教学与科研水平不断提升。同时，还应该建立完善的激励机制和评价机制，激发教师的积极性和创造力，为团队的发展注入源源不断的动力。

二、团队教学与科研能力的现状分析

在物联网单片机教学领域，团队教学与科研能力的现状直接影响到教学质量和科研成果的产出。

（一）教学能力的现状分析

在教学能力方面，当前物联网单片机教学团队普遍具备较为扎实的专业知识储备和丰富的教学经验。团队成员能够根据学生的实际情况和学科特点，制订合理的教学计划和教学方案，运用多样化的教学方法和手段，有效激发学生的学习兴趣和积极性。同时，团队成员也注重培养学生的实践能力和创新精神，通过实验教学、项目驱动等方式，让学生在实践中学习和成长。

然而，在教学能力方面仍存在一些不足。首先，部分教师对于新兴教学方法和技术掌握不够熟练，需要进一步加强学习和实践。其次，部分教师在教学过程中缺乏与学生的有效互动和沟通，导致学生参与度不高，教学效果有限。此外，还有一些教师对于学科前沿知识和技术更新不够敏感，教学内容相对滞后，无法满足学生日益增长的学习需求。

（二）科研能力的现状分析

在科研能力方面，物联网单片机教学团队在近年来取得了显著的进步。团队成员积极关注学科前沿，发现有价值的研究问题，制定科学的研究方案，开展了一系列具有创新性和实用性的研究工作。同时，团队也注重与国内外同行的交流与合作，积极参与学术会议和研讨会，扩大了团队的影响力和知名度。

然而，在科研能力方面仍存在一些挑战和问题。首先，由于物联网单片机技术的快速发展和变化，团队需要不断更新研究方向和研究内容，以保持在学科领域的领先地位。其次，团队成员在科研过程中需要面对各种复杂的技术难题和实验条件限制，需要不断提升自身的科研能力和水平。此外，科研工作的投入与产出不平衡也是当前面临的一个问题，部分教师需要在教学和科研之间做出权衡和选择。

（三）教学与科研融合的现状分析

教学与科研的融合是提升团队整体实力的重要途径。在物联网单片机教学团队中，教学与科研的融合体现在多个方面。首先，团队成员将科研成果转化为教学资源，丰富教学内容和形式，提高教学效果和质量。其次，团队成员通过科研项目和实验平台的建设，为学生提供更多的实践机会和锻炼空间，培养学生的实践能力和创新精神。同时，团队成员也注重将教学经验和方法应用到科研工作中，提高科研工作的效率和质量。

然而，在教学与科研融合方面仍存在一些不足。首先，部分教师对于教学与科研的融合认识不足，缺乏主动意识和行动。其次，由于教学和科研工作的差异性和复杂性，部分教师在平衡两者之间的关系时存在一定的困难。此外，团队在促进教学与科研融合方面的政策和机制也需要进一步完善和优化。

（四）未来发展与挑战

面对物联网单片机技术的快速发展和变化，物联网单片机教学团队在教学与科研能力方面将面临更多的机遇和挑战。首先，团队需要不断更新教学内容和教学方法，以适应新技术和新应用的发展需求。其次，团队需要加强科研工作的投入和产出管理，提高科研工作的效率和质量。同时，团队还需要注重与国内外同行的交流与合作，扩大团队的影响力和知名度。在未来的发展中，团队需要不断加强自身建设和管理创新，提升整体实力和竞争力。

三、提升团队教学与科研能力的策略与方法

在物联网单片机教学领域，提升团队教学与科研能力对于保持团队竞争力和推动学科发展至关重要。

（一）加强教师培养与发展

提升团队教学与科研能力的首要任务是加强教师的培养与发展。

（1）建立系统的教师培训体系，包括专业知识更新、教学方法与技巧培训、

科研方法与能力培训等，确保教师能够跟上学科发展的步伐，掌握最新的教学科研动态。

（2）鼓励教师参与学术交流活动，如学术会议、研讨会等，拓宽教师的学术视野和人际网络，增强团队影响力。同时，建立健全的激励机制，对在教学和科研工作中表现突出的教师给予表彰和奖励，激发教师的积极性和创造力。

（3）应注重教师的个人发展规划，为每位教师制定个性化的职业发展规划，明确发展目标和路径，提供必要的支持和帮助。通过加强教师培养与发展，提升教师的专业素养和教学科研能力，为团队的教学与科研工作提供有力保障。

（二）深化教学改革与创新

教学改革与创新是提升团队教学能力的重要途径。

（1）应关注学生的学习需求和兴趣点，以学生为中心设计教学方案和教学方法。引入翻转课堂、慕课等新型教学模式，提高教学互动性和学生参与度。同时，加强实践教学环节，通过项目驱动、实验探究等方式培养学生的实践能力和创新精神。

（2）应关注学科前沿和热点问题，将最新的科研成果和技术引入教学，丰富教学内容和形式。通过案例分析、专题讲座等方式让学生了解学科前沿动态和应用前景，激发学生的学习兴趣和动力。此外，还应加强与产业界的合作与交流，了解行业需求和技术发展趋势，为教学工作提供有力支持。

（三）加强科研团队建设与合作

科研团队建设与合作是提升团队科研能力的重要保障。

（1）应建立稳定的科研团队，明确团队成员的分工和职责，形成合力。鼓励团队成员之间的交流与合作，共同开展科研项目和实验工作。同时，加强团队内部的学术交流和思想碰撞，激发创新灵感和思路。

（2）应加强与国内外同行的交流与合作，积极参与国际学术会议和研讨会等活动，扩大团队的影响力和知名度。通过合作研究、共同发表论文等方式与国内外同行建立紧密的合作关系，共同推动学科发展。此外，还应注重与产业界的合作与交流，了解行业需求和技术发展趋势，为科研工作提供有力支持。

（四）完善教学与科研管理制度

完善教学与科研管理制度是提升团队教学与科研能力的制度保障。

（1）应建立科学的教学与科研评价体系，明确评价标准和程序，确保评价结果的公正性和客观性。通过评价体系的建立和实施，激励教师积极参与教学和科研工作，提高教学和科研质量。

（2）应建立完善的教学与科研资源保障机制，为教师提供必要的教学和科研条件。加强教学实验室和科研实验室的建设和管理，确保教学和科研工作的顺利进行。同时，注重教学科研资源的共享和优化配置，提高资源利用效率。

（3）应加强教学与科研工作的监督和检查力度，确保各项工作的规范性和有效性。建立健全的教学与科研管理制度和流程，确保教学和科研工作的有序进行。通过完善教学与科研管理制度，为团队的教学与科研工作提供保障和支持。

四、团队教学与科研能力提升的评估与反馈

在团队教学与科研能力提升的过程中，评估与反馈是不可或缺的环节。它们不仅有助于团队明确自身的优势与不足，还能为后续的改进和发展提供方向。

（一）评估体系的构建

评估体系是评估与反馈的基础，其构建应全面、科学、合理。首先，评估体系应包括教学与科研的各个方面，如教学内容、教学方法、教学效果、科研成果、科研过程等；其次，评估指标应具体、可量化，便于团队成员理解和操作；最后，评估体系应具有灵活性，能够根据学科发展、团队特点等实际情况进行调整和完善。

在构建评估体系时，可以借鉴国内外先进的评估理念和方法，结合团队的实际情况进行创新。例如，可以采用学生评价、同行评价、自我评价等多种评价方式，从多个角度对团队的教学与科研能力进行全面评估。此外，还可以引入第三方评估机构，对团队的教学与科研能力进行客观、公正的评估。

（二）评估数据的收集与分析

评估数据的收集与分析是评估与反馈的关键环节。在收集数据时，应注重数据的真实性和可靠性，避免数据失真或偏差。同时，数据的收集应具有代表性，能够全面反映团队教学与科研能力的实际情况。

在数据分析时，应采用科学的方法对数据进行处理和分析。例如，可以采用统计分析、对比分析等方法，对评估数据进行深入挖掘和解读。通过数据分析，

可以找出团队在教学与科研方面存在的问题和不足，为后续的改进和发展提供方向。

（三）评估结果的反馈与沟通

评估结果的反馈与沟通是评估与反馈的重要环节。在反馈评估结果时，应注重结果的客观性和公正性，避免主观臆断或偏见。同时，反馈方式应具有针对性和实效性，能够引起团队成员的关注和重视。

在沟通评估结果时，应注重与团队成员的交流和互动，了解他们的想法和意见。通过沟通，可以找出问题的根源和解决方案，为后续的改进和发展提供有力支持。同时，沟通还可以增强团队成员之间的信任和理解，提高团队的凝聚力和向心力。

（四）评估与反馈的循环改进

评估与反馈不是一次性的活动，而是一个循环改进的过程。在评估与反馈的过程中，团队应不断总结经验教训，找出存在的问题和不足，并制定改进措施和方案。同时，团队还应关注学科发展、技术更新等外部环境的变化，及时调整评估体系和方法，确保评估与反馈的时效性和有效性。

在循环改进的过程中，团队应注重持续改进和创新。通过不断尝试新的教学方法、科研方法和技术手段等，提高教学和科研的质量和效率。同时，团队还应关注团队成员的个人发展和成长，为他们提供必要的支持和帮助，激发他们的积极性和创造力。

第五节　教学团队的激励与考核

一、教学团队激励的目的与原则

在物联网单片机教学领域，构建一个高效、充满活力的教学团队是推动教学质量和科研水平提升的关键。教学团队的激励则是维持团队动力和活力的重要手段。

（一）激励目的分析

（1）提升团队凝聚力。激励的首要目的是增强教学团队的凝聚力，使团队成员能够心往一处想、劲往一处使，共同为提升教学质量和科研水平而努力。

（2）激发个体潜能。每个团队成员都有自己的特长和潜能，通过激励，可以激发这些潜能，使团队成员在教学和科研工作中发挥出更大的作用。

（3）促进团队协作。激励可以推动团队成员之间的协作和配合，形成优势互补、协同作战的良好局面，提高团队的整体效能。

（4）增强团队创新力。在物联网单片机教学领域，创新是推动学科发展的关键。激励可以激发团队成员的创新意识和创新精神，推动团队在教学和科研工作中不断取得新成果。

（二）激励原则分析

（1）公平性原则。激励必须公平、公正，让每个团队成员都感受到自己的努力得到了应有的回报。不公平的激励会破坏团队的和谐氛围，影响团队的凝聚力和向心力。

（2）差异性原则。不同的团队成员有不同的需求和动机，激励应根据团队成员的个体差异进行差异化设计，以满足不同成员的需求和期望。

（3）及时性原则。激励应及时、有效，让团队成员在取得成绩或进步时能够迅速感受到激励的效果。及时的激励可以增强团队成员的积极性和自信心，推动他们继续努力。

（4）可持续性原则。激励应具有可持续性，能够长期、稳定地发挥作用。可持续的激励可以确保团队保持持久的动力和活力，推动团队不断向前发展。

（三）激励措施分析

（1）物质激励：包括工资、奖金、津贴等形式的物质回报，可以满足团队成员的基本生活需求和经济利益。物质激励是激励体系的基础和重要组成部分。

（2）精神激励：包括荣誉、表彰、尊重、信任等形式的精神满足，可以激发团队成员的荣誉感和归属感。精神激励在提升团队成员的积极性和创造性方面发挥着重要作用。

（3）发展激励：为团队成员提供学习、培训、晋升等发展机会，帮助他们实现个人成长和职业发展目标。发展激励可以满足团队成员的自我发展需求，增强他们的忠诚度和稳定性。

（4）文化激励：构建积极向上、团结协作、创新进取的团队文化，营造良好的工作氛围和人际关系。文化激励可以潜移默化地影响团队成员的思想和行为，推动团队向更高目标迈进。

（四）激励效果评估与调整

（1）定期评估激励效果。通过问卷调查、面谈交流等方式收集团队成员对激励措施的反馈意见，了解激励措施的实际效果。

（2）根据评估结果调整激励措施。针对评估中发现的问题和不足，及时调整激励措施的内容、方式和力度，确保激励措施能够持续发挥作用。

（3）建立激励机制的动态调整机制。随着团队发展、外部环境变化和团队成员需求变化等因素的变化，及时对激励机制进行动态调整和优化，以适应新的形势和任务要求。

二、教学团队激励的方式与手段

在物联网单片机教学领域，教学团队的激励方式与手段对于提升团队士气、促进教学科研创新具有重要意义。

（一）物质激励方式

物质激励作为最直接的激励方式，对于满足团队成员的基本需求、提升工作积极性具有显著作用。

（1）薪酬体系优化。设计合理的薪酬体系，确保团队成员的薪酬与其工作表现、贡献程度相匹配。通过提高基本工资、设立绩效奖金、提供丰厚福利等方式，激发团队成员的工作热情。

（2）奖励机制建立。设立明确的奖励机制，对在教学、科研、学生指导等方面取得优异成绩或突出贡献的团队成员给予物质奖励。奖励形式可以包括奖金、礼品、证书等，以体现对团队成员付出的认可。

（3）资源支持提供。为团队成员提供必要的教学科研资源支持，如实验设备、图书资料、研究经费等。这些资源的提供有助于团队成员更好地开展教学科研工作，从而增强他们的工作动力和满意度。

（二）精神激励方式

精神激励关注团队成员的精神需求，通过满足他们的尊重、成就感和归属感等需求来激发工作积极性。

（1）荣誉表彰制度。建立荣誉表彰制度，对在教学科研工作中表现优秀的团队成员给予荣誉称号、表彰证书等形式的认可。这种认可有助于提升团队成员的自尊心和自信心，增强他们的归属感和忠诚度。

（2）学术氛围营造。营造浓厚的学术氛围，鼓励团队成员积极参与学术交流、研讨活动。通过分享学术成果、探讨学术问题等方式，增强团队成员的学术素养和创新能力，同时提升他们的学术地位和影响力。

（3）团队文化建设。加强团队文化建设，通过举办团建活动、庆祝重要节日等方式增强团队成员之间的凝聚力和向心力。良好的团队文化有助于提升团队成员的归属感和幸福感，促进他们更好地投入工作。

（三）发展激励方式

发展激励关注团队成员的职业发展需求，通过提供培训、晋升机会等方式激发他们的工作积极性。

（1）职业发展规划。帮助团队成员制定个性化的职业发展规划，明确职业发展目标和路径。通过提供职业规划指导、职业咨询等服务，帮助团队成员更好地实现个人职业发展。

（2）培训学习机会。为团队成员提供丰富多样的培训学习机会，如参加学术会议、研修班、访学交流等。这些机会有助于提升团队成员的专业素养和综合能力，为他们的职业发展奠定坚实基础。

（3）晋升机会创造。为团队成员创造晋升机会，鼓励他们通过努力工作、提升能力来获得更高的职位和待遇。通过设立职称评审、岗位竞聘等机制，为团队成员的职业发展提供更多可能性。

（四）环境激励方式

环境激励关注团队成员的工作环境需求，通过改善工作环境、提升工作条件等方式激发他们的工作积极性。

（1）改善工作环境。为团队成员提供舒适、安全、健康的工作环境，如改善办公设施、提高空气质量、保障工作安全等。良好的工作环境有助于提升团队成员的工作效率和幸福感。

（2）优化工作流程。优化教学科研工作流程，减少无效工作和重复劳动，提高工作效率。通过引入信息化、智能化等技术手段，实现工作流程的自动化和智能化管理。

（3）营造创新氛围。鼓励团队成员敢于创新、勇于尝试，为他们提供宽松的创新环境。通过设立创新基金、举办创新大赛等方式激发团队成员的创新意识和创新能力。

三、教学团队考核的标准与流程

在物联网单片机教学团队的管理中，考核是确保团队高效运作、激励成员持续进步的重要手段。

（一）考核标准的制定

（1）明确考核目标。考核的首要任务是明确教学团队的整体目标和个人目标。整体目标包括教学质量、科研成果、学生满意度等方面，个人目标则根据每位成员的职责和专长进行具体设定。

（2）制定量化指标。为了确保考核的公正性和客观性，需要制定具体的量化指标。例如，在教学方面可以设定课时完成率、学生评价等指标；在科研方面可以设定论文发表数量、专利申请量、科研项目参与度等指标。

（3）强调质量标准。除了量化指标外，还需要关注质量标准。教学质量包括教学内容的准确性、教学方法的多样性和创新性、教学效果的显著性等；科研成果的质量则体现在学术价值、实践应用价值和创新程度等方面。

（4）定期修订与更新。随着教学科研环境的变化和团队目标的调整，考核标准也需要定期修订与更新。这有助于确保考核标准始终与团队的实际需求和发展方向保持一致。

（二）考核流程的设计

（1）明确考核周期。考核周期应根据团队的特点和需求进行设定。一般来说，可以分为学期考核、年度考核等不同周期。明确考核周期有助于团队成员了解自己的工作进度和成果，及时调整工作状态。

（2）收集考核数据。考核数据的收集是考核流程中的关键环节。可以通过学生评价、同行评价、自我评价等多种方式收集数据。收集到的数据应具有代表性、客观性和准确性，以确保考核结果的公正性。

（3）数据分析与评估。在收集到考核数据后，需要进行深入的数据分析和评估。通过对比量化指标和质量标准，对团队成员的工作成果进行全面评价。同时，还可以对团队整体的表现进行分析，找出存在的问题和不足。

（4）反馈与沟通。考核结果的反馈与沟通是考核流程中的重要环节。需要将考核结果及时、准确地反馈给团队成员，并与他们进行充分的沟通和交流。通过反馈和沟通，可以帮助团队成员了解自己的优点和不足，明确改进方向。

（三）考核结果的运用

（1）激励与奖励。根据考核结果对团队成员进行激励和奖励。对于表现优秀的成员可以给予物质奖励、荣誉表彰等形式的激励；对于表现不佳的成员则需要进行适当的惩罚或辅导，帮助他们改进工作表现。

（2）优化资源配置。根据考核结果对团队内部的资源配置进行优化。可以将更多的资源分配给表现优秀的成员或领域，以推动团队整体水平的提升；对于表现不佳的领域或成员，则需要减少资源投入或进行重组调整。

（3）促进个人发展。考核结果还可以作为团队成员个人发展的参考依据。通过了解自己在团队中的位置和表现，团队成员可以制定更加明确和具体的发展规划，提高自我发展和提升的动力和效率。

（四）考核机制的完善与改进

（1）收集反馈意见。定期收集团队成员对考核机制的反馈意见，了解他们对考核标准的认同度和考核流程的满意度。通过收集反馈意见可以发现存在的问题和不足，为改进考核机制提供重要参考。

（2）修订与改进。根据反馈意见和实际情况对考核机制进行修订和改进。可以从调整考核标准、优化考核流程、增加考核内容等方面来提高考核的公正性、客观性和有效性。

（3）持续改进与创新。考核机制的完善与改进是一个持续不断的过程。随着团队发展和环境变化的需要不断进行调整和创新以适应新的形势和要求。通过持续改进和创新可以推动教学团队考核机制的不断完善和发展。

四、教学团队激励与考核的持续优化

在物联网单片机教学团队的管理中，激励与考核的持续优化是推动团队不断进步、提升教学质量的关键。

（一）反馈机制的建立与完善

（1）收集全面反馈。为了持续优化激励与考核体系，需要建立有效的反馈机制，全面收集团队成员、学生、合作单位等多方面的意见和建议。这有助于从多个角度了解团队运作的实际情况，发现存在的问题和不足。

（2）深入分析反馈。对于收集到的反馈，要进行深入的分析和研究。找出问题的根源，明确改进的方向和重点。同时，要关注反馈中的亮点和成功经验，为后续的优化提供借鉴和参考。

（3）及时反馈处理。对于收集到的反馈，要及时进行处理和回应。对于存在的问题和不足，要制定具体的改进措施，并明确责任人和完成时间。对于亮点和成功经验，要加以推广和应用，提升团队的整体水平。

（4）持续监测与调整。反馈机制的建立不是一次性的工作，而是需要持续进行。要定期收集和分析反馈，根据团队的实际情况进行调整和优化，确保激励与考核体系始终与团队的发展需求保持一致。

（二）数据驱动的决策支持

（1）建立数据收集系统。为了更加科学地优化激励与考核体系，需要建立数据收集系统，全面收集与团队运作相关的各类数据。包括教学数据、科研数据、学生评价数据等。

（2）数据分析与挖掘。利用数据分析工具和方法，对收集到的数据进行深入分析和挖掘。找出数据背后的规律和趋势，为优化激励与考核体系提供数据支持。

（3）基于数据的决策。在优化激励与考核体系时，要充分利用数据分析的结果，进行基于数据的决策。这有助于提高决策的准确性和有效性，推动团队不断向更高的目标迈进。

（4）数据安全的保障。在建立数据收集和分析系统的过程中，要注重数据安全的保障。采取适当的技术和管理措施，确保数据的安全性和保密性。

（三）激励机制的创新与多元化

（1）激励机制的创新。随着教学科研环境的变化和团队成员需求的变化，激励机制也需要不断创新。可以引入新的激励方式，如股权激励、知识产权激励等，以激发团队成员的积极性和创造力。

（2）激励机制的多元化。不同的团队成员有不同的需求和动机，激励机制也需要具有多元化。可以根据团队成员的个体差异和需求差异，设计不同的激励方案，以满足不同成员的需求和期望。

（3）激励机制的个性化。在激励机制的设计中，要注重个性化。针对每名团队成员的特点和需求，制定个性化的激励方案，以更好地激发他们的潜力和创造力。

（4）激励机制的评估与调整。对于设计的激励机制要进行定期评估和调整。根据团队成员的反馈和实际效果，对激励机制进行优化和改进，以确保其始终具有针对性和有效性。

（四）考核体系的科学性与公正性

（1）考核标准的科学性。考核标准要具有科学性，能够客观、准确地反映团队成员的工作表现和成果。在制定考核标准时，要充分考虑教学科研的特点和团队成员的实际情况，确保标准的合理性和有效性。

（2）考核流程的公正性。考核流程要具有公正性，确保每位团队成员都能够得到公平、公正的考核。在考核过程中，要遵循公开、透明、公正的原则，避免主观性和偏见的影响。

（3）考核结果的客观性。考核结果要具有客观性，能够真实、准确地反映团队成员的工作表现和成果。在评估考核结果时，要充分考虑各种因素的综合影响，确保结果的公正性和准确性。

（4）考核体系的持续改进。考核体系也需要持续改进和优化。要根据团队的发展需求和外部环境的变化，对考核体系进行调整和改进，以确保其始终与团队的发展目标保持一致。

第八章 物联网单片机教学的未来展望

第一节 物联网技术的发展趋势

一、物联网技术的当前发展状态

（一）连接规模的持续扩大

物联网技术正经历着连接规模的不断扩大。IDC 发布的数据显示，2023 年中国物联网连接量超 66 亿个，未来 5 年复合增长率约 16.4%，将保持快速发展。这一增长趋势意味着物联网技术正逐步渗透到生活的各个角落，从智能汽车、智能家居到企业资产管理设备再到工业设备，物联网连接无处不在。这种广泛的连接不仅推动了信息科技的新一轮浪潮，也为企业提供了通过物联网平台提升管理效率和加速业务创新的机会。

（二）与 5G 技术的深度融合

物联网与 5G 技术的融合是当前发展的重要趋势之一。5G 技术以其高速、低延迟、大容量等特点，为物联网提供了强大的网络支撑。目前，中国 5G 商用步伐加快，超百万的窄带物联网基站实现商用，连接数达 1.5 亿，已建成全球规模最大的窄带物联网网络。5G 的普及将进一步丰富物联网应用，如车联网、智能制造、远程医疗等，推动物联网技术向更高层次发展。

（三）技术体系的日益成熟

物联网技术体系的日益成熟是其当前发展的重要特征。感知层的传感器技术、通信层的通信技术以及应用层的各种应用软件都在不断发展和完善。云计算、大数据、人工智能等技术的快速发展也为物联网技术提供了强有力的支撑。这些技术的融合应用使得物联网设备能够实现对物品的智能化识别、定位、跟踪、监控和管理，为人们的生活和工作带来了极大的便利。

（四）应用场景的广泛拓展

物联网技术的应用场景正在不断拓展。从智能家居、智慧城市到智能制造、智慧医疗等多个领域，物联网技术都发挥着越来越重要的作用。例如，在智能家居领域，物联网技术可以实现家电设备的互联互通和远程控制；在智慧城市领域，物联网技术可以实现对交通、环保、公共安全等领域的智能化管理；在智能制造领域，物联网技术可以实现设备的智能化生产和管理；在智慧医疗领域，物联网技术可以实现远程医疗和健康管理等功能。这些应用场景的拓展不仅推动了物联网技术的快速发展，也促进了相关产业的转型升级。

二、物联网技术的未来发展方向

（一）技术深度融合与智能化升级

随着技术的不断进步，物联网技术的未来发展方向之一是与其他前沿技术的深度融合与智能化升级。具体来说，物联网将与人工智能（AI）、大数据、云计算等技术更加紧密地结合，共同推动智能化水平的提升。例如，AIoT（人工智能物联网）技术将 AI 技术嵌到 IoT 组件中，通过智能感知、自主学习和智能决策能力，使物联网设备更加智能、自主。此外，区块链技术也将为物联网提供更强的安全性和透明度保障，特别是在数据加密传输和资产安全管理方面。

在数字孪生和元宇宙的融合方面，物联网技术将利用传感器数据为各种系统构建逼真的数字孪生体，从制造设施到购物中心，实现物理世界与数字空间的深度融合。这将极大地促进产品优化和创新，为行业注入新的增长动力。

（二）应用场景的进一步拓展

物联网技术的未来发展方向还包括应用场景的进一步拓展。随着技术的不断成熟和普及，物联网将渗透到更多领域，为人们提供更丰富、更智能的服务。例如，在智慧城市建设中，物联网技术将实现智能交通、智慧能源、智慧环境监测等功能，提升城市的可持续发展水平。在智慧医疗领域，物联网技术将实现远程医疗、健康管理等应用，为人们提供更便捷、更高效的医疗服务。此外，物联网还将在工业自动化、智能农业、智能交通等领域发挥重要作用，推动相关产业的转型升级。

（三）安全性和隐私保护的加强

随着物联网连接规模的不断扩大，安全性和隐私保护将成为未来发展的重要方向。物联网设备的安全漏洞和隐私泄露问题将受到更多关注，因此，加强物联网设备的安全性和隐私保护将成为技术发展的重要方向。这包括采用更先进的加密技术、身份验证技术和入侵防御系统，确保敏感信息的安全。同时，还需要加强对物联网设备的安全监管和漏洞管理，及时发现和修复潜在的安全问题。

（四）低功耗和高效能硬件的发展

物联网技术的未来发展还将关注低功耗和高效能硬件的发展。随着物联网设备数量的不断增加，对硬件的能效要求也越来越高。因此，开发低功耗、高效能的物联网硬件将成为未来发展的重要方向。这包括采用更先进的芯片技术、存储技术和通信技术，提高设备的能效和性能。同时，还需要优化硬件设计和制造流程，降低设备的成本和能耗，推动物联网技术的普及和应用。

三、物联网技术发展对单片机教学的影响

（一）教学内容的转变与更新

随着物联网技术的迅猛发展，单片机教学的内容也必须与时俱进，进行转变与更新。传统的单片机教学内容主要集中在单片机的内部结构、指令系统、接口技术等基础知识上。然而，在物联网时代，这些内容已无法满足实际需求。因此，物联网技术发展推动了单片机教学内容的更新，使其更加贴合行业需求。

新的教学内容应涵盖物联网通信技术、传感器技术、低功耗设计等与物联网密切相关的知识点。同时，还需引入物联网应用案例，如智能家居、智能农业等，使学生能够更好地理解单片机在物联网中的应用。此外，随着物联网安全问题的日益突出，单片机教学中也应加强安全性和隐私保护方面的内容。

（二）教学方法的创新与实践

物联网技术的发展对单片机教学方法提出了新要求。传统的教学方法以理论讲授为主，实践环节相对较少。然而，在物联网时代，这种教学方法已难以培养出具备实践能力和创新能力的人才。

因此，教师需要创新教学方法，注重理论与实践相结合。例如，可以采用项目式教学法，让学生在实际项目中应用所学知识解决问题。同时，还可以引入虚拟现实（VR）和增强现实（AR）等技术手段，模拟真实的物联网应用场景，提高学生的学习兴趣和实践能力。

（三）教学资源的整合与共享

物联网技术的发展促进了教学资源的整合与共享。通过互联网和物联网技术，教师可以方便地获取和分享各种教学资源，如课件、案例、实验指导等。这不仅可以丰富教学内容，还可以提高教学效率和质量。

同时，学生也可以利用这些资源进行自主学习和拓展学习。例如，学生可以通过在线课程平台学习其他高校或专家的单片机课程，还可以通过开源社区获取各种单片机项目和代码资源，提升自己的实践能力和创新能力。

（四）人才培养目标与行业需求的对接

物联网技术的发展使得单片机人才的需求发生了巨大变化。为了更好地满足行业需求，单片机教学需要调整人才培养目标，使其更加贴近实际应用和市场需求。

具体来说，单片机教学应注重培养学生的实践能力和创新能力，特别是与物联网技术相关的能力。同时，还需要加强学生的团队协作精神和跨学科知识整合能力。这样培养出来的人才将更具竞争力，能够更好地适应物联网时代的发展需求。

四、应对物联网技术发展趋势的教学策略

（一）加强跨学科知识融合

随着物联网技术的不断发展，单片机教学不应局限于传统的电子技术领域，而是需要与其他学科知识进行深度融合。因此，在教学策略上，应该注重跨学科

知识的融合，打破学科壁垒，构建跨学科的知识体系。

（1）明确单片机在物联网技术中的核心地位，了解其与通信技术、传感器技术、云计算等技术的紧密联系。在教学过程中，可以引入相关的跨学科知识，如通信原理、传感器原理、云计算基础等，帮助学生建立全面的知识体系。

（2）开展跨学科的教学项目，让学生在实践中学习和应用跨学科知识。例如，可以组织学生进行智能家居系统的设计与实现，涉及单片机控制、传感器数据采集、网络通信等多个方面，让学生在实践中感受物联网技术的魅力。

（3）加强与其他学科教师的合作与交流，共同制订跨学科的教学计划和课程大纲，确保教学内容的前沿性和实用性。

（二）注重实践与创新能力的培养

物联网技术强调实践与创新，因此，在教学策略上，应该注重实践与创新能力的培养。

（1）增加实验和实践课程的比重，让学生在实践中学习和掌握单片机技术。实验课程可以包括基础实验、综合实验和创新实验等多个层次，逐步提高学生的实践能力和创新能力。

（2）鼓励学生参与科研项目和竞赛活动，通过实践锻炼提高学生的创新能力和团队协作能力。同时，学校可以与企业合作，建立实践基地或实验室，为学生提供更多的实践机会和资源。

（3）注重教学方法的创新。可以采用项目式、案例式等教学方法，让学生在实践中学习和探索，激发学生的学习兴趣和积极性。

（三）关注行业发展趋势与技术更新

物联网技术是一个快速发展的领域，新技术和新应用不断涌现。因此，在教学策略上，需要关注行业发展趋势和技术更新，及时调整教学内容和教学方法。

（1）关注物联网技术的最新动态和发展趋势，了解新技术和新应用的特点和优势。在教学过程中，可以引入最新的技术案例和应用场景，帮助学生了解物联网技术的最新进展和应用前景。

（2）关注行业对单片机人才的需求变化，了解企业对于单片机人才的需求和要求。根据这些需求变化，可以调整教学内容和教学方法，确保培养出符合市场需求的人才。

（3）加强与企业的合作与交流，了解企业的技术需求和人才培养需求。通过与企业合作开展实训、实习等活动，让学生更好地了解行业需求和企业文化，为未来的职业发展打下坚实的基础。

（四）构建多元化的评价体系

在物联网技术发展的背景下，单片机教学的评价体系也需要进行相应的调整。传统的评价体系主要关注学生的学习成绩和理论知识掌握情况，而物联网技术更注重实践能力和创新能力。

因此，需要构建多元化的评价体系，包括学习成绩、实践能力、创新能力等多个方面。在评价过程中，可以采用多种评价方式和方法，如笔试、实验报告、项目答辩、团队合作等，全面评价学生的综合能力和素质。

同时，还需要注重评价的反馈和激励作用。及时给予学生反馈和激励，让学生更好地了解自己的学习情况和不足之处，激发学生的学习动力和积极性。

第二节　单片机教学的创新方向

一、单片机教学创新的必要性

（一）适应物联网技术快速发展的需求

随着物联网技术的飞速发展，单片机作为物联网技术的重要组成部分，其应用领域日益广泛，对单片机专业人才的需求也日益增长。然而，传统的单片机教学往往注重理论知识的传授，而忽视了与物联网技术的结合和实践能力的培养。因此，单片机教学创新势在必行，以适应物联网技术快速发展的需求。

（1）单片机教学创新有助于将物联网技术的最新成果引入课堂，使学生能够及时了解和掌握物联网技术的最新动态。通过引入物联网相关的案例和项目，学生可以更加直观地理解单片机在物联网中的应用，提高学习的趣味性和实用性。

（2）单片机教学创新能够培养学生的实践能力和创新能力。传统的单片机教学往往以理论讲授为主，缺乏实践环节。而物联网技术强调实践和创新，因此，单片机教学需要增加实践环节，让学生在实践中学习和掌握单片机技术，同时培养学生的创新能力和解决问题的能力。

（3）单片机教学创新有助于提升学生的就业竞争力。随着物联网技术的广泛应用，单片机专业人才的需求日益旺盛。通过单片机教学创新，可以培养出更多具备实践能力和创新能力的单片机专业人才，满足市场需求，提升学生的就业竞争力。

（二）推动单片机教学的改革与发展

单片机教学创新是推动单片机教学改革与发展的重要途径。传统的单片机教学存在一些问题，如教学内容陈旧、教学方法单一、教学资源匮乏等。这些问题限制了单片机教学的质量和效果，也影响了学生的学习兴趣和积极性。因此，单片机教学创新能够推动单片机教学的改革与发展，提高教学的质量和效果。

（1）单片机教学创新可以更新教学内容，引入物联网技术的最新成果和应用案例，使教学内容更加贴近实际需求和市场需求。同时，通过引入跨学科的知识和技术，可以丰富教学内容，拓宽学生的知识面和视野。

（2）单片机教学创新可以创新教学方法和手段，采用项目式、案例式等教学方法，激发学生的学习兴趣和积极性。同时，利用互联网和物联网技术，可以构建在线学习平台和虚拟实验室等教学资源，为学生提供更加便捷和高效的学习途径。

（3）单片机教学创新可以加强师资队伍建设，提高教师的教学水平和能力。通过组织教师参加培训、研讨会等活动，可以更新教师的知识结构和教学理念，提高教师的教学水平和能力。同时，加强教师与企业的合作与交流，可以了解企业的技术需求和人才培养需求，为教学提供更加贴近实际和市场的方向。

（三）培养具备创新精神和实践能力的人才

单片机教学创新有助于培养具备创新精神和实践能力的人才。在物联网时代，创新和实践能力成为人才的重要素质之一。通过单片机教学创新，可以培养学生的创新精神和实践能力，使学生具备独立思考、解决问题的能力。

（1）单片机教学创新可以激发学生的创新思维。通过引入物联网技术的最新成果和应用案例，可以激发学生的好奇心和求知欲，培养学生的创新思维和想象力。同时，通过项目式和案例式的教学方法，可以让学生在实践中探索和创新，培养学生的创新精神和实践能力。

（2）单片机教学创新可以提高学生的实践能力。通过增加实践环节和实验课程，可以让学生在实践中学习和掌握单片机技术，提高学生的实践能力和动手能力。同时，通过与企业合作开展实训、实习等活动，可以让学生更好地了解行业需求和企业文化，为未来的职业发展打下坚实的基础。

（四）促进单片机教育与行业发展的紧密结合

单片机教学创新有助于促进单片机教育与行业发展的紧密结合。单片机作为物联网技术的重要组成部分，其应用领域广泛，与多个行业密切相关。通过单片机教学创新，可以加强单片机教育与行业发展的联系，为行业发展提供有力的人才支持。

（1）单片机教学创新可以了解行业的需求和趋势。通过与企业合作和交流，可以了解行业对单片机专业人才的需求和要求，为教学提供更加贴近实际和市场的方向。同时，可以引入行业的最新技术和应用案例，使学生能够更好地了解行业的需求和趋势。

（2）单片机教学创新可以推动产学研合作。通过与企业合作开展科研项目、实训、实习等活动，可以加强产学研合作，促进技术创新和人才培养。同时，企业也可以为学生提供实践机会和就业资源，为学生提供更加广阔的发展空间和机会。

（3）单片机教学创新可以促进行业标准的制定和推广。通过与企业合作制定行业标准和技术规范，可以推动行业的规范化和标准化发展。同时，将行业标准和技术规范引入教学，可以使学生更好地了解行业标准和规范，提高学生的职业素养和竞争力。

二、单片机教学创新的内容与方向

（一）更新教学内容，融入前沿技术

单片机教学创新的首要内容之一是更新教学内容，融入前沿技术。随着物联网技术的迅猛发展，新的技术、新的应用不断涌现，单片机教学必须紧跟时代步伐，将最新的技术成果和应用案例引入课堂。

（1）需要更新教材和教学大纲，确保教学内容的前沿性和实用性。新教材

应涵盖物联网通信技术、传感器技术、云计算等前沿技术，同时引入智能家居、智能农业等实际应用案例，帮助学生理解单片机在物联网中的重要作用。

（2）可以通过邀请行业专家讲座或授课，让学生了解最新的技术动态和行业发展趋势。这种方式不仅可以拓宽学生的视野，还能激发学生的学习兴趣和热情。

此外，教师还可以结合科研项目和实际问题，设计具有挑战性的教学案例和项目，让学生在实践中学习和掌握单片机技术，培养学生的实践能力和创新精神。

（二）创新教学方法，提升教学效果

单片机教学创新还需要创新教学方法，提升教学效果。传统的教学方法往往以讲授为主，缺乏互动和实践环节，难以激发学生的学习兴趣和积极性。

因此，可以采用项目式、案例式等教学方法，让学生在实践中学习和探索。通过设计具有实际意义的项目和案例，让学生亲自动手实践，发现问题并解决问题，从而提高学生的实践能力和创新能力。

此外，还可以利用互联网和物联网技术，构建在线学习平台和虚拟实验室等教学资源，为学生提供更加便捷和高效的学习途径。通过在线学习和虚拟实验，学生可以随时随地学习和实践，提高学习的灵活性和自主性。

（三）加强实践教学，提升实践能力

单片机教学创新还需要加强实践教学，提升实践能力。实践教学是单片机教学中不可或缺的一部分，通过实践可以让学生更好地理解和掌握单片机技术。

（1）需要增加实验和实践课程的比重，让学生在实践中学习和掌握单片机技术。实验课程应涵盖基础实验、综合实验和创新实验等多个层次，逐步提高学生的实践能力和创新能力。

（2）可以组织学生参加科研项目和竞赛活动，让学生在实践中锻炼和提升实践能力和创新能力。同时，通过与企业合作开展实训、实习等活动，让学生更好地了解行业需求和企业文化，为未来的职业发展打下坚实的基础。

此外，还可以加强校内实验室和校外实训基地的建设和管理，确保实践教学的质量和效果。通过加强实验室和实训基地的建设和管理，可以为学生提供更好的实践环境和资源，提高学生的实践能力和创新精神。

（四）构建多元化的评价体系，全面评价学生能力

单片机教学创新还需要构建多元化的评价体系，全面评价学生能力。传统的评价体系往往以考试成绩为主要标准，难以全面评价学生的能力和素质。

因此，需要构建多元化的评价体系，包括学习成绩、实践能力、创新能力、团队协作等多个方面。在评价过程中，可以采用多种评价方式和方法，如笔试、实验报告、项目答辩、团队合作等，全面评价学生的综合能力和素质。

同时，还需要注重评价的反馈和激励作用。及时给予学生反馈和激励，让学生更好地了解自己的学习情况和不足之处，激发学生的学习动力和积极性。通过构建多元化的评价体系，可以更加全面地评价学生的能力和素质，为学生的全面发展提供有力支持。

三、单片机教学创新的方法与途径

（一）引入项目导向的教学方法

单片机教学创新的一个有效方法是引入项目导向的教学方法。这种方法强调将实际项目作为教学的核心，让学生在完成项目的过程中学习和掌握单片机技术。

（1）项目导向的教学方法能够激发学生的学习兴趣和动力。通过参与实际项目，学生能够将所学知识应用于解决实际问题，这种实践性的学习方式更能吸引学生的注意力，并激发他们的求知欲。

（2）项目导向的教学方法能够培养学生的实践能力和创新思维。在项目实施过程中，学生需要综合运用所学知识，进行问题分析、方案设计、实验验证等环节，这些过程能够锻炼学生的实践能力和创新思维。

在实施项目导向的教学方法时，教师可以根据教学目标和学生特点，设计具有挑战性和实用性的项目。同时，教师需要为学生提供必要的指导和支持，确保项目的顺利进行。此外，教师还可以鼓励学生参与科研项目和竞赛活动，让学生在实践中不断提升自己的能力和水平。

（二）利用虚拟仿真技术辅助教学

随着计算机技术的不断发展，虚拟仿真技术为单片机教学提供了新的方法和途径。利用虚拟仿真技术辅助教学，可以帮助学生更好地理解单片机的工作原理和操作流程。

（1）虚拟仿真技术可以模拟真实的单片机工作环境，让学生在虚拟环境中进行实验操作。这种模拟实验不仅具有成本低、效率高、安全性好等优点，还能够让学生在没有实际硬件的情况下进行实验操作，提高了实验的灵活性和便捷性。

（2）虚拟仿真技术可以展示单片机内部的工作状态和过程。通过虚拟仿真软件，学生可以观察单片机的内部寄存器、存储器、输入/输出端口等部件的工作状态，深入理解单片机的工作原理和运行机制。

在利用虚拟仿真技术辅助教学时，教师需要选择合适的虚拟仿真软件，并为学生提供必要的培训和指导。同时，教师还需要将虚拟仿真实验与实际实验相结合，让学生在虚拟环境中进行实验操作后，再在实际硬件上进行验证和调试，以提高学生的实践能力和综合素质。

（三）加强校企合作，实现产学研一体化

校企合作是单片机教学创新的重要途径之一。通过加强校企合作，可以实现产学研一体化，为学生提供更多的实践机会和就业资源。

（1）校企合作可以为学生提供实践机会。企业可以根据自身需求，为学生提供实习、实训等实践机会，让学生在实践中学习和掌握单片机技术。同时，企业还可以为学生提供项目支持和指导，帮助学生解决实践中遇到的问题。

（2）校企合作可以为学生提供就业资源。通过与企业的合作，学校可以了解企业的用人需求和招聘标准，为学生提供更加精准的就业指导和服务。同时，企业也可以为学校提供就业信息和招聘机会，帮助学生顺利就业。

在加强校企合作时，学校需要积极寻求与企业的合作机会，并建立良好的合作关系。同时，学校还需要加强与企业的沟通和交流，了解企业的需求和期望，为合作提供更加精准和有效的支持。

（四）建立开放共享的教学资源平台

建立开放共享的教学资源平台是单片机教学创新的又一重要方法。通过建设教学资源平台，可以实现教学资源的共享和优化配置，提高教学的质量和效率。

（1）教学资源平台可以汇聚优质的教学资源。通过平台的建设和管理，可以汇聚国内外优秀的单片机教学资源，包括教材、课件、实验案例、视频教程等，为师生提供丰富的学习资源。

（2）教学资源平台可以实现资源的共享和优化配置。通过平台的建设和

管理，可以实现教学资源的共享和流通，避免资源的浪费和重复建设。同时，平台还可以根据师生的需求和反馈，对教学资源进行优化配置和更新升级，提高资源的利用率和有效性。

在建设教学资源平台时，需要注重平台的易用性和可扩展性。平台应该具有友好的用户界面和简洁的操作流程，方便师生使用和管理。同时，平台还需要具有可扩展性，能够支持多种教学资源类型和格式，满足不同师生的需求。

第三节　跨学科融合教学的深化

一、跨学科融合教学的意义与价值

（一）促进知识体系的综合化

跨学科融合教学的首要意义在于促进知识体系的综合化。随着现代社会的快速发展，各种知识领域之间的界限变得越来越模糊，许多实际问题往往需要综合运用多个学科的知识来解决。因此，跨学科融合教学能够帮助学生打破学科壁垒，将不同学科的知识进行有机融合，形成更加完整、系统的知识体系。这种综合化的知识体系不仅有助于学生更好地理解和掌握知识，还能够培养学生的跨学科思维和创新能力，为学生未来的职业发展和社会适应能力打下坚实的基础。

在具体实施过程中，跨学科融合教学可以通过课程整合、项目合作等方式来实现。例如，在单片机教学中，可以引入电子工程、计算机科学、通信技术等不同学科的知识，让学生在学习单片机技术的同时，也能够了解和掌握这些学科的相关知识。这种教学方式不仅能够丰富教学内容，还能够激发学生的学习兴趣和积极性。

（二）培养学生的综合素质

跨学科融合教学对于培养学生的综合素质具有重要意义。在传统的教学模式中，学生往往只关注自己所学专业的知识，缺乏对其他学科的了解和认识。而跨学科融合教学能够帮助学生拓宽知识视野，增强对其他学科的理解和认识，从而培养学生的综合素质。这种综合素质包括跨学科思维能力、团队协作能力、创新能力等，这些能力对于学生未来的职业发展和社会适应能力都具有重要意义。

在跨学科融合教学中，教师可以通过设计具有挑战性的跨学科项目，让学生在实践中锻炼和提升这些能力。例如，在单片机教学中，可以设计一些涉及多个学科的综合性项目，让学生分组进行协作开发，这不仅能够锻炼学生的团队协作能力，还能够培养学生的创新思维和解决问题的能力。

（三）适应社会发展的需求

跨学科融合教学也是适应社会发展的需求的重要体现。随着社会的快速发展，各种新技术、新应用层出不穷，这些新技术、新应用往往需要综合运用多个学科的知识来解决。因此，跨学科融合教学能够帮助学生更好地适应社会发展的需求，为未来的职业发展做好准备。

此外，跨学科融合教学还能够培养学生的创新精神和创业能力。在跨学科融合教学中，学生需要不断尝试新的方法和思路来解决问题，这种创新精神对于培养学生的创业能力具有重要意义。同时，跨学科融合教学还能够帮助学生了解不同行业的需求和发展趋势，为未来的创业和就业提供有力的支持。

（四）推动教育模式的创新

跨学科融合教学还能够推动教育模式的创新。在跨学科融合教学中，教师需要不断尝试新的教学方法和手段来激发学生的学习兴趣和积极性，这种尝试和探索能够推动教育模式的不断创新和发展。

同时，跨学科融合教学还能够促进不同学科之间的交流和合作。在跨学科融合教学中，不同学科的教师需要共同合作来设计和实施教学方案，这种交流和合作能够增进教师之间的了解和合作，推动教学质量的提高。此外，跨学科融合教学还能够促进学校与社会的联系和合作，为学校的教学改革和发展提供更多有益的建议和支持。

二、物联网单片机与其他学科的融合点

（一）电气工程与自动化

物联网单片机与电气工程及自动化专业的融合点主要体现在工业自动化领域。单片机作为工业自动化系统中的核心控制单元，负责实时采集和处理各种传

感器数据，实现设备的自动化控制和远程监控。在电气工程与自动化专业中，学生可以通过学习单片机技术，了解如何设计、开发和应用工业控制系统，提高生产效率和安全性。

具体来说，单片机在工业控制系统中可以扮演多个角色。首先，它可以作为数据采集器，接收来自各种传感器的实时数据；其次，单片机可以作为控制器，根据预设的算法和逻辑，对接收到的数据进行分析和处理，并输出控制信号，驱动执行机构进行相应的操作；最后，单片机还可以作为通信接口，将处理后的数据通过有线或无线方式传输到上位机或云平台，实现远程监控和管理。

此外，物联网单片机在电气工程与自动化专业中的融合还体现在智能电网、电力电子等领域。通过引入物联网技术，可以实现电网的智能化监测、控制和管理，提高电力系统的稳定性和可靠性。

（二）计算机科学与技术

物联网单片机与计算机科学技术的融合点主要体现在嵌入式系统设计和开发方面。单片机作为一种嵌入式处理器，广泛应用于各种嵌入式系统，如智能家居、智能穿戴设备等。在计算机科学与技术专业中，学生可以通过学习单片机技术，了解嵌入式系统的基本原理、设计方法和开发流程。

具体来说，单片机在嵌入式系统设计中可以发挥以下作用：首先，单片机可以作为嵌入式系统的核心处理器，负责执行各种控制任务；其次，单片机可以通过各种接口与外围设备连接，实现数据的采集、传输和处理；最后，单片机还可以支持多种操作系统和编程语言，为嵌入式系统的开发提供强大的支持。

此外，物联网单片机在计算机科学与技术专业中的融合还体现在物联网安全、云计算等领域。随着物联网技术的广泛应用，如何保障物联网系统的安全性成为一个重要问题。单片机作为物联网系统的核心部件之一，其安全性直接关系到整个系统的安全性。因此，在计算机科学与技术专业中，学生还需要学习如何设计和实现安全的物联网系统。

（三）电子信息工程

物联网单片机与电子信息工程的融合点主要体现在信号处理、通信技术和电路设计等方面。单片机在电子信息工程中扮演着重要的角色，它不仅可以处理各种传感器信号，还可以实现数据的无线传输和通信。在电子信息工程专业中，学生可以通过学习单片机技术，了解如何设计和实现各种信号处理算法、通信协议和电路设计方案。

具体来说，单片机在电子信息工程中的应用包括但不限于以下几个方面：首先，单片机可以作为信号处理器，对来自传感器的信号进行放大、滤波、数字化等处理；其次，单片机可以通过无线通信模块实现数据的无线传输和通信；最后，单片机还可以作为电路控制核心，实现对电路的控制和调节。

此外，物联网单片机在电子信息工程专业中的融合还体现在物联网应用系统的设计和开发方面。学生可以通过学习单片机技术，了解如何设计和开发智能家居、智能农业等物联网应用系统。

（四）通信工程

物联网单片机与通信工程的融合点主要体现在无线通信技术和网络协议方面。单片机在物联网系统中需要实现与各种设备之间的通信和数据交换，因此通信技术是单片机应用中不可或缺的一部分。在通信工程专业中，学生可以通过学习单片机技术，了解无线通信技术的原理、网络协议的设计和实现方法。

具体来说，单片机在通信工程中的应用包括以下几个方面：首先，单片机可以通过无线通信模块实现与其他设备之间的通信和数据交换；其次，单片机可以支持多种网络协议，如 Wi-Fi、蓝牙、ZigBee 等，满足不同应用场景的需求；最后，单片机还可以作为网关设备，实现不同网络之间的互联互通。

此外，物联网单片机在通信工程专业中的融合还体现在物联网网络架构的设计和优化方面。学生可以通过学习单片机技术，了解如何设计和优化物联网网络架构，提高网络的稳定性和可靠性。

三、跨学科融合教学的实施策略

（一）课程设计策略

在物联网单片机教学的跨学科融合中，课程设计是首要环节。

（1）需要构建一个跨学科的教学团队，该团队应涵盖物联网、单片机、计算机科学、电子工程等多个学科领域的专家。这样的团队能够确保课程设计内容的全面性和深度，同时保证教学与实际应用的紧密结合。

（2）课程设计应强调实践性和创新性。通过设计综合性的项目，让学生在实践中学习和应用单片机技术，并理解其与物联网技术的融合点。项目设计应包含从硬件设计、软件开发到系统集成的全过程，使学生能够全面理解物联网单片机系统的运作原理。

（3）课程设计还需注意知识的连贯性和层次性。在引入新知识时，要充分考虑学生已有的知识基础，通过循序渐进的方式引导学生逐步深入，避免知识断层。同时，课程设计还应注重培养学生的创新思维和解决问题的能力，鼓励学生自主探索和实践。

（二）教学方法与手段策略

在跨学科融合教学中，教学方法和手段的选择至关重要。针对物联网单片机教学的特点，可以采用项目式学习、问题导向学习等教学方法，让学生在解决问题的过程中学习和掌握知识。

同时，利用现代教育技术，如虚拟现实、在线课程等，为学生提供丰富的学习资源和学习环境。例如，可以开发虚拟实验平台，让学生在没有实际硬件的情况下进行实验操作，提高学习的灵活性和便捷性。

此外，还可以采用团队合作学习的方式，鼓励学生之间的交流和协作。通过分组完成项目，学生可以相互学习、相互帮助，共同提高。同时，团队合作还能够培养学生的团队协作能力和沟通能力。

（三）教学资源建设策略

跨学科融合教学需要丰富的教学资源支持。针对物联网单片机教学，可以建设以下教学资源：

（1）教材与参考书。选择或编写适合跨学科融合教学的教材，并为学生提供丰富的参考书目，以满足不同学生的需求。

（2）实验设备。建设或引进物联网单片机实验设备，为学生提供实践机会。同时，要注意设备的更新和维护，确保实验教学的顺利进行。

（3）网络资源。建设在线课程、虚拟实验平台等网络资源，为学生提供更加便捷的学习途径。同时，还要注重网络资源的更新和维护，确保资源的时效性和可用性。

（4）案例库。收集实际项目案例，并整理成案例库供学生参考。案例库应包括项目的背景、目标、解决方案和实施过程等内容，以帮助学生更好地理解物联网单片机技术的实际应用。

（四）评价与反馈策略

跨学科融合教学的评价与反馈是教学质量的重要保障。针对物联网单片机教学，可以采取以下评价与反馈策略：

（1）过程性评价。关注学生在学习过程中的表现和进步，通过作业、实验报告、项目成果等方式进行评价。过程性评价能够及时反馈学生的学习情况，帮助学生及时调整学习策略。

（2）综合性评价。除了考查学生的知识掌握情况外，还要注重评价学生的实践能力、创新思维和团队协作能力等方面。综合性评价能够更全面地反映学生的综合素质和能力水平。

（3）反馈机制。建立有效的反馈机制，及时向学生提供学习反馈和建议。同时，还要鼓励学生提出问题和建议，以便不断改进教学方法和手段。

（4）校企合作评价。与企业合作开展实践教学活动，让企业参与评价学生的实践能力和综合素质。校企合作评价能够更准确地反映学生的实际应用能力和职业竞争力。

四、跨学科融合教学的效果评估与改进

（一）教学效果评估的指标体系构建

在物联网单片机教学的跨学科融合中，为了准确评估教学效果，首先需要构建一个全面、科学的指标体系。这一指标体系应涵盖知识掌握、技能应用、创新思维、团队协作等多个方面，以全面反映学生的综合素质和能力。

在知识掌握方面，可以通过考试、作业、项目报告等方式来评估学生对物联网单片机基础理论和专业知识的掌握程度。在技能应用方面，可以通过实验操作、项目实践、技能竞赛等方式来评估学生的动手能力和实践能力。在创新思维方面，可以通过课程设计、项目创新、论文发表等方式来评估学生的创新思维和创新能力。在团队协作方面，可以通过团队项目、团队竞赛、团队协作评价等方式来评估学生的团队协作能力和沟通能力。

构建指标体系时，还需要注意指标的权重分配和量化方法。权重分配应根据教学目标和重点进行，确保各项指标能够全面反映教学效果。量化方法应科学、合理，能够准确反映学生的表现和进步。

（二）多元化的评估方法与工具

在跨学科融合教学中，单一的评估方法和工具往往难以全面反映教学效果。因此，需要采用多元化的评估方法和工具来进行教学效果评估。

首先，可以采用传统的考试和作业评估方式，对学生的知识掌握程度进行评估；其次，可以结合实验操作、项目实践等实践环节，对学生的技能应用能力和实践能力进行评估；最后，可以采用问卷调查、访谈等方式，了解学生对教学的满意度和反馈意见。

在评估工具方面，可以引入先进的评估系统和技术，如在线测试系统、数据分析工具等，以提高评估的效率和准确性。同时，还可以利用社交媒体、学习平台等渠道，收集学生的学习数据和反馈意见，为教学效果评估提供更加丰富和全面的信息。

（三）教学效果的反馈与改进

教学效果评估的目的是发现问题、改进教学。因此，在评估结果出来后，需要及时向学生和教师反馈评估结果，并制定相应的改进措施。

对于学生而言，可以向他们反馈在知识掌握、技能应用、创新思维、团队协作等方面的表现和进步，帮助他们了解自己的学习状况和发展方向。同时，还可以根据评估结果，为学生提供个性化的学习建议和指导，帮助他们更好地掌握物联网单片机知识和技能。

对于教师而言，需要认真分析评估结果，发现教学中存在的问题和不足。针对这些问题和不足，可以制定具体的改进措施，如优化教学内容、改进教学方法、完善教学资源等。同时，还需要加强与其他学科和教师的交流与合作，共同推动跨学科融合教学的深入发展。

（四）持续性的教学改进与创新

跨学科融合教学是一个持续发展和创新的过程。为了不断提高教学效果和质量，需要持续进行教学改进和创新。

（1）可以关注行业发展和技术动态，及时将新技术、新应用引入教学，更新教学内容和教学方式。同时，还可以结合学生的需求和兴趣，开发更加贴近实际、具有挑战性的教学项目和案例。

（2）可以加强与其他高校和企业的合作与交流，引进先进的教学理念和教学方法，推动教学改革和创新。同时，还可以鼓励学生参与科研项目和实践活动，培养他们的创新能力和实践能力。

（3）需要建立完善的教学评价体系和反馈机制，及时发现和解决教学中存在的问题和不足。同时，还需要注重教师的培训和发展，提高他们的跨学科素质和教学能力，为跨学科融合教学的深入发展提供有力保障。

第四节 实践教学体系的完善

一、实践教学体系在单片机教学中的作用

实践教学体系在单片机教学中扮演着至关重要的角色，尤其是在物联网背景下，其实践性和应用性的要求更为突出。

（一）提升知识应用能力

单片机教学涉及的知识点繁多，包括硬件设计、软件开发、系统集成等多个方面。单纯的理论教学往往难以使学生真正理解和掌握这些知识点。而实践教学体系能够为学生提供丰富的实践机会，让学生在实践中应用所学知识，从而加深对理论知识的理解和记忆。通过实践操作，学生能够更加熟练地掌握单片机的开发流程和技能，提高知识应用能力。

在物联网单片机教学中，实践教学体系的作用更为突出。物联网技术的复杂性和多样性要求学生在掌握单片机技术的基础上，还需具备跨学科的知识和技能。实践教学体系能够为学生提供综合性的实践项目，让学生在实践中学习和应用物联网技术，从而提升学生的知识应用能力。

（二）培养创新精神和实践能力

实践教学体系注重学生的自主性和创新性，鼓励学生独立思考和解决问题。在单片机教学中，实践教学体系能够为学生提供大量的实践机会，让学生在实践中探索和创新。通过实践项目的开发和实施，学生能够锻炼自己的创新思维和实践能力，提高自己的综合素质。

在物联网单片机教学中，实践教学体系的作用更加明显。物联网技术的创新

性和实践性要求学生在掌握单片机技术的基础上，还需具备创新思维和实践能力。实践教学体系能够为学生提供开放性的实践环境，让学生在实践中自由发挥和创新，从而培养学生的创新精神和实践能力。

（三）增强团队协作和沟通能力

实践教学体系通常采用团队合作的方式进行，要求学生之间进行协作和交流。在单片机教学中，实践教学体系能够为学生提供团队合作的机会，让学生在实践中学会与他人合作和交流。通过团队合作，学生能够锻炼自己的团队协作和沟通能力，提高自己的综合素质。

在物联网单片机教学中，实践教学体系的作用更加明显。物联网技术的复杂性和多样性要求学生在掌握单片机技术的基础上，还需具备团队协作和沟通能力。实践教学体系能够为学生提供团队合作的实践机会，让学生在实践中学会与他人协作和交流，从而增强学生的团队协作和沟通能力。

（四）促进理论与实践相结合

实践教学体系能够将理论知识与实践操作相结合，使学生在实践中加深对理论知识的理解和记忆。在单片机教学中，实践教学体系能够为学生提供丰富的实践机会，让学生在实践中应用所学知识，从而加深对理论知识的理解。同时，实践教学体系还能够为学生提供真实的工作环境，让学生在实践中体验单片机技术的应用和发展，促进理论与实践相结合。

在物联网单片机教学中，实践教学体系的作用更加明显。物联网技术的实践性和应用性要求学生在掌握理论知识的基础上，还需具备实际操作的能力。实践教学体系能够为学生提供真实的工作环境和实践机会，让学生在实践中学习和应用物联网技术，从而促进理论与实践相结合。

二、当前实践教学体系存在的问题与挑战（物联网单片机教学）

（一）实践教学内容与行业需求脱节

在物联网单片机教学的实践教学体系中，一个显著的问题是教学内容与行业需求之间的脱节。当前，物联网技术快速发展，对单片机技术的要求也在不断变化，而部分高校的教学内容却未能及时跟进。这导致学生在完成学业后，发现所学的单片机技术与实际行业需求存在较大差异，难以适应岗位需求。

具体来说，实践教学体系中的实验项目、课程设计等内容往往过于陈旧或简单，缺乏与物联网技术前沿的紧密结合。例如，部分实验项目还停留在基础的硬件搭建和编程练习上，未能涉及物联网通信、数据处理等高级应用。此外，实践教学中也缺乏与行业企业的合作，导致学生难以了解行业最新动态和技术趋势。

为了解决这个问题，高校需要加强与行业企业的联系，了解行业对单片机技术的需求，及时更新教学内容和实验项目。同时，可以引入企业导师或行业专家参与实践教学，为学生提供更加贴近实际的学习体验。

（二）实践教学手段单一且缺乏创新

当前实践教学体系在单片机教学中存在教学手段单一且缺乏创新的问题。传统的教学方式往往以课堂讲授和实验操作为主，缺乏灵活性和多样性。这种教学方式难以激发学生的学习兴趣和积极性，也难以培养学生的创新思维和实践能力。

具体来说，实践教学中缺乏综合性、开放性的实验项目，学生难以通过实践来加深对理论知识的理解。同时，实验设备和软件也往往滞后于技术发展，无法满足学生的学习需求。此外，实践教学中也缺乏与在线学习、虚拟仿真等现代教学手段的结合，限制了教学效果的提升。

为了改进这个问题，高校可以引入多种教学手段和方法，如在线学习、虚拟仿真、项目驱动等。这些教学手段可以提供更加灵活、多样化的学习体验，激发学生的学习兴趣和积极性。同时，高校也需要加大对实验设备和软件的投入，确保学生能够在先进的设备和软件上进行实践操作。

（三）实践教学资源不足且分配不均

在物联网单片机教学的实践教学体系中，另一个问题是实践教学资源不足且分配不均。这主要体现在实验设备、实践场地、教师资源等方面。由于资源有限，一些高校在实践教学资源的配置上无法满足所有学生的需求，导致部分学生在实践学习中受到限制。

具体来说，一些高校的实验设备数量不足或性能落后，无法满足学生的实践需求。同时，实践场地也往往有限，导致学生难以进行大规模的实践活动。此外，一些高校在单片机教学方面的教师资源也相对匮乏，无法为学生提供充足的教学支持。

为了解决这个问题，高校需要加大对实践教学资源的投入和管理。可以通过增加实验设备数量、提升设备性能、扩大实践场地等方式来满足学生的实践需求。同时，也可以加强教师培训和发展，提高教师的教学水平和能力。此外，高校还可以与企业合作共建实践教学基地，共享实践教学资源。

（四）实践教学评价体系不完善

当前实践教学体系在单片机教学中还存在评价体系不完善的问题。传统的评价方式往往以实验结果和报告为主，缺乏对学生实践过程和实践能力的全面评价。这种评价方式难以准确反映学生的实践能力和综合素质，也无法为教学改进提供有效反馈。

具体来说，实践教学评价体系需要涵盖学生的实践过程、实践能力、团队协作、创新思维等多个方面。可以采用多种评价方式相结合的方法，如教师评价、学生自评、同伴互评等。同时，也需要引入更加客观、科学的评价工具和方法，如在线测试、项目评估等。

为了完善实践教学评价体系，高校需要加强对实践教学的管理和监督。可以建立专门的实践教学管理机构或委员会，负责制订实践教学计划和评价标准，并对实践教学进行定期评估和反馈。同时，也需要加强对教师的培训和发展，提高教师的教学评价能力和水平。

三、完善实践教学体系的思路与方法

（一）明确实践教学目标与行业需求对接

完善实践教学体系的首要思路是明确实践教学目标，并将其与行业需求紧密对接。物联网技术的快速发展对单片机教学提出了更高的要求，实践教学应当紧随技术发展趋势，培养出能够适应物联网产业需求的专业人才。

为了实现这一目标，高校需要加强与行业企业的合作与交流，了解物联网领域对单片机技术的最新需求。同时，可以邀请企业专家参与实践教学大纲的制定和修订工作，确保实践教学内容与行业需求相契合。此外，高校还可以定期组织教师参加行业培训和交流活动，了解最新的技术发展动态和趋势，为实践教学提供有力支持。

在实践教学目标的设定上，应注重培养学生的实践能力和创新精神。通过设计具有挑战性的实践项目和任务，让学生在实践中锻炼解决问题的能力和创新思维。同时，实践教学还应注重培养学生的团队协作和沟通能力，以适应物联网领域的团队合作要求。

（二）丰富实践教学手段与方法

为了提升实践教学的效果，需要丰富实践教学手段与方法。传统的实验教学和课堂讲授已经难以满足物联网单片机教学的需求，需要引入更加灵活、多样化的教学手段。

一方面，可以利用虚拟现实（VR）、增强现实（AR）等先进技术构建虚拟实验室，让学生在虚拟环境中进行实践操作。这种教学方式可以突破时间和空间的限制，为学生提供更加丰富、真实的实践体验。同时，还可以引入在线学习平台和移动学习应用，让学生随时随地学习单片机知识。

另一方面，可以采用项目驱动、问题导向等教学方法来激发学生的学习兴趣和主动性。通过设计具有实际意义的项目任务，让学生在实践中学习和应用单片机技术。同时，还可以鼓励学生参与科研项目和竞赛活动，培养他们的创新能力和实践能力。

（三）优化实践教学资源配置

实践教学资源的配置是完善实践教学体系的重要保障。为了提升实践教学的效果和质量，需要优化实践教学资源的配置。

（1）需要加大对实践教学设备的投入和管理。高校应定期更新实验设备，确保设备的性能和数量能够满足实践教学的需求。同时，还应建立设备维护和管理机制，确保设备的正常运行和保养。

（2）需要扩大实践场地的规模和提高场地的利用率。高校可以建设专门的实践教学基地或实验室，为学生提供充足的实践场地。同时，还可以与企业合作共建实践教学基地，共享实践教学资源。

（3）需要加强教师队伍建设。高校应引进具有丰富实践经验和教学经验的教师参与实践教学工作。同时，还应加强对教师的培训和发展，提高教师的实践教学能力和水平。

（四）建立科学的实践教学评价体系

实践教学评价体系是完善实践教学体系的重要环节。为了准确评估实践教学的效果和质量，需要建立科学的实践教学评价体系。

（1）需要明确评价目标和评价标准。评价目标应涵盖学生的实践能力、创新精神、团队协作等多个方面；评价标准应具体、明确、可操作性强。

（2）需要采用多种评价方式相结合的方法。除了传统的实验结果和报告评价外，还可以引入学生自评、同伴互评、教师评价等多种评价方式。同时，还可以利用在线测试、项目评估等现代评价工具来辅助评价工作。

（3）需要加强对评价结果的反馈和应用。评价结果应及时反馈给学生和教师，帮助他们了解实践教学的效果和问题所在。同时，还应根据评价结果对实践教学进行改进和优化，不断提高实践教学的质量和水平。

四、实践教学体系完善后的效果预期

（一）学生实践能力和创新精神显著提升

完善实践教学体系后，预期将显著提升学生的实践能力和创新精神。通过引入更加先进、贴近行业需求的实践教学内容和项目，学生将有机会在真实或模拟的工作环境中应用所学知识，从而加深对理论知识的理解和掌握。这种实践操作的过程将使学生更加熟悉单片机技术的实际应用，提高他们的问题解决能力和动手实践能力。

同时，实践教学体系的完善也将鼓励学生进行自主探索和创新。通过项目驱动、问题导向等教学方法，学生将面对更加复杂、具有挑战性的任务，这将激发他们的创新思维和创造力。他们将学会如何运用所学知识解决实际问题，如何在团队中协作创新，从而培养出具备创新精神和实践能力的专业人才。

（二）学生就业竞争力增强

实践教学体系的完善将使学生更加符合物联网行业的需求，从而增强他们的就业竞争力。随着物联网技术的不断发展，对单片机技术的需求也日益增加。具备丰富实践经验和创新能力的毕业生将更受企业青睐。

通过实践教学体系的完善，学生将有机会接触更多的行业前沿技术和应用案例，了解行业的最新动态和发展趋势。他们将能够更快地适应行业的需求变化，掌握更多的实践技能和经验。这将使他们在求职过程中更加自信和有竞争力，更容易获得心仪的工作机会。

（三）教学质量和效果显著提升

实践教学体系的完善将显著提升教学质量和效果。通过引入多种教学手段和方法，如虚拟现实、在线学习平台等，将使得教学过程更加生动、有趣和高效。学生将能够在更加丰富的实践环境中学习单片机技术，提高他们的学习兴趣和积极性。

同时，实践教学体系的完善也将促进教师队伍建设。教师将有机会参与更多的行业培训和交流活动，了解最新的技术发展动态和趋势。他们将更加熟悉行业的需求和要求，更加关注学生的实践能力和创新精神的培养。这将使教师的教学质量和水平得到提升，从而进一步提高教学质量和效果。

（四）促进学校与行业企业的紧密合作

实践教学体系的完善将促进学校与行业企业的紧密合作。通过与企业合作共建实践教学基地、引入企业导师等方式，学校将与企业建立更加紧密的合作关系。这种合作关系将使得学校更加了解企业的需求和期望，从而更加精准地培养符合企业需求的人才。

同时，实践教学体系的完善也将为企业提供更多的高素质人才支持。企业可以通过实践教学基地等平台参与到学校的人才培养过程中来，为学生提供更加真实、丰富的实践机会。这将使得企业更加容易招聘到符合自己需求的高素质人才，推动企业的快速发展。

第五节　教学成果的社会影响与推广

一、教学成果社会影响的重要性

（一）推动物联网产业的发展

教学成果的社会影响首先体现在对物联网产业发展的推动上。物联网作为新一代信息技术的核心，其应用和发展对于推动产业升级、提高生产效率、改善民生福祉等方面具有重要意义。通过物联网单片机教学，培养出具备专业技能和创新精神的高素质人才，将直接为物联网产业提供源源不断的人才支持。这些人才将在物联网设备的设计、开发、应用等方面发挥重要作用，推动物联网技术的不断创新和应用，进而促进物联网产业的快速发展。

（二）增强国际竞争力

教学成果的社会影响还体现在增强国际竞争力方面。在全球化背景下，国家之间的竞争已经演变为科技、人才、创新能力的竞争。物联网技术作为新一轮科技革命和产业变革的重要驱动力，对于提高国家竞争力具有重要意义。通过物联网单片机教学，培养出掌握物联网核心技术的高素质人才，将提升我国在物联网领域的自主创新能力和核心竞争力。这些人才将能够参与国际竞争，推动我国物联网技术在全球范围内的领先地位，进而增强我国的国际影响力。

（三）促进经济社会的可持续发展

教学成果的社会影响还体现在促进经济社会的可持续发展方面。物联网技术的应用已经渗透到各个领域，如智慧城市、智能交通、智能家居等。通过物联网单片机教学，培养出具备专业技能和实践经验的人才，将能够推动这些领域的技术创新和产业升级。这些技术的应用将提高资源利用效率、降低能源消耗、减少环境污染，推动经济社会的可持续发展。同时，物联网技术的发展还将催生新的产业形态和就业机会，为经济社会发展注入新的活力。

（四）提升公众对物联网技术的认知与接受度

教学成果的社会影响还体现在提升公众对物联网技术的认知与接受度方面。物联网技术作为一项新兴技术，其应用和发展需要得到公众的广泛认知和接受。通过物联网单片机教学，学生将有机会接触到物联网技术的最新成果和应用案例，了解物联网技术的原理、特点和应用前景。这些学生将成为物联网技术的传播者和推广者，通过他们的宣传和推广，将提高公众对物联网技术的认知度和接受度。这将有助于推动物联网技术在社会各个领域的广泛应用和普及，为物联网技术的发展营造良好的社会氛围。

二、教学成果社会影响的评估指标

（一）毕业生就业与职业发展

评估物联网单片机教学成果社会影响的首要指标之一是毕业生的就业与职业发展情况。通过跟踪调查毕业生的就业率、就业领域、薪资水平以及职业发展轨迹等信息，可以直观地反映出教学成果的实际效果。具体而言，可以关注以下几个方面：

（1）就业率与对口就业率。评估物联网单片机专业学生的就业率，特别是与物联网领域相关的对口就业率，是衡量教学成果是否与社会需求相匹配的重要指标。

（2）薪资水平。毕业生的薪资水平反映了社会对其专业技能的认可程度。较高的薪资水平说明教学成果在提升学生职业竞争力方面取得了显著成效。

（3）职业发展轨迹。通过了解毕业生的晋升速度、岗位变动以及担任重要职务的情况，可以评估教学成果在学生长期职业发展中的影响。

（4）企业反馈。收集用人单位对毕业生的评价，了解毕业生的工作表现、团队合作能力以及创新能力等，从而间接评估教学成果的社会影响。

（二）技术创新与成果转化

物联网单片机教学在培养创新人才方面具有重要作用，因此技术创新与成果转化是评估其社会影响的另一重要指标。具体可以从以下几个方面进行评估：

（1）科研成果。统计学生在校期间发表的学术论文、申请的专利以及参与的科研项目等，以衡量其科研能力和创新能力。

（2）创新创业项目。关注学生在校期间参与的创新创业项目，特别是与物联网单片机相关的项目，以评估其将理论知识转化为实际应用的能力。

（3）创业成功率。跟踪调查毕业生的创业情况，了解创业项目的成功率、发展前景以及社会贡献等，以评估教学成果在推动创新创业方面的作用。

（4）技术转移与产业化。关注学校与企业之间的技术转移和产业化合作，了解学校科研成果在企业的应用情况和产生的经济效益，以评估教学成果在促进产业发展方面的贡献。

（三）社会服务与贡献

物联网单片机教学成果的社会影响还体现在其对社会服务的贡献上。具体可以从以下几个方面进行评估：

（1）公益项目参与。统计学生参与的与物联网单片机相关的公益项目数量、规模以及效果等，以评估其社会责任感和奉献精神。

（2）技术咨询与培训。了解学校为企业和社会提供的物联网单片机技术咨询和培训服务情况，以评估其在推动社会科技进步方面的作用。

（3）科普活动参与。关注学生参与的物联网单片机科普活动数量和效果，以评估其在普及科学知识、提高公众科学素养方面的贡献。

（4）社会评价。收集社会各界对学校物联网单片机教学成果的评价和反馈，以了解其在社会上的认可度和影响力。

（四）行业影响与推动

物联网单片机教学成果对行业的影响和推动也是评估其社会影响的重要指标之一。具体可以从以下几个方面进行评估：

（1）行业人才培养。统计学校为物联网行业培养的人才数量和质量，以评估其在推动行业人才队伍建设方面的作用。

（2）行业技术创新。关注学校物联网单片机研究成果在行业内的应用情况和产生的技术创新成果，以评估其在推动行业技术进步方面的贡献。

（3）行业标准制定。了解学校参与物联网行业标准制定的情况，以评估其在推动行业规范化发展方面的作用。

（4）行业交流与合作。关注学校与物联网行业企业的交流与合作情况，以评估其在促进行业交流与合作方面的作用。

三、教学成果的推广策略与方法

（一）构建多元化的推广平台

为了有效推广物联网单片机教学成果，首先需要构建一个多元化的推广平台。这一平台应涵盖线上和线下两个维度，确保信息的广泛传播和深入交流。

（1）线上平台。利用互联网和社交媒体，如学校官网、在线教育平台、博客、微信公众号等，发布教学成果的相关信息和案例。这些平台可以展示学生的创新项目、教师的科研成果以及行业应用的实例，吸引更多人的关注和参与。

（2）线下平台。组织各类线下活动，如学术研讨会、技术交流会、企业参观等，为师生提供与业界专家、企业代表面对面交流的机会。通过这些活动，不仅可以展示教学成果，还能收集反馈意见，促进教学的持续改进。

（3）合作平台。积极寻求与高校、企业、行业协会等机构的合作，共同搭建推广平台。通过资源共享、优势互补，实现教学成果的快速传播和广泛应用。

（二）加强与企业的合作与交流

与企业建立紧密的合作关系，是实现物联网单片机教学成果推广的关键环节。通过与企业的合作与交流，可以更好地了解行业需求和技术发展趋势，从而有针对性地优化教学内容和方法。

（1）校企合作项目。与企业共同开展研发项目、人才培养项目等，将学校的科研成果转化为实际应用。这些项目不仅可以提升学生的实践能力，还能为企业解决实际问题，实现互利共赢。

（2）实习实训基地建设。与企业共建实习实训基地，为学生提供更多的实践机会。通过实习实训，学生可以深入了解企业的生产流程和技术需求，为将来步入社会做好准备。

（3）企业导师制度。邀请企业技术专家担任学校的客座教授或企业导师，参与教学计划的制订和课程内容的更新。企业导师的加入可以为教学带来新的思路和观点，提高学生的专业素养和实践能力。

（三）加强国际交流与合作

物联网技术是全球性的技术，因此加强国际交流与合作对于推广物联网单片机教学成果具有重要意义。

（1）国际学术会议。鼓励学生和教师参加国际学术会议和研讨会，与国际同行交流最新的研究成果和技术进展。通过与国际同行的交流，可以了解国际前沿技术和发展趋势，为教学提供新的思路和方法。

（2）国际合作项目。与国际知名高校或研究机构开展合作项目，共同研发新技术、新产品。这些合作项目不仅可以提升学校的国际影响力，还能为学生提供更多的国际交流机会。

（3）国际交流生计划。鼓励学生参加国际交流生计划，前往国外高校或企业实习或学习。通过国际交流，学生可以了解不同国家和地区的文化和技术差异，拓宽视野和思路。

（四）完善推广机制与激励机制

为了激发师生参与教学成果推广的积极性，需要建立完善的推广机制与激励机制。

（1）设立推广基金。设立专门的推广基金，用于支持教学成果的推广和应用。这些基金可以用于资助师生参加各类推广活动、购买推广所需的设备和材料等。

（2）建立激励机制。对在推广工作中表现突出的师生给予表彰和奖励。这些奖励可以包括奖学金、荣誉称号、晋升机会等，以激发师生参与推广工作的积极性。

（3）完善评价体系。建立科学、合理的评价体系，对教学成果的推广效果进行客观评价。通过评价结果的反馈，可以及时调整推广策略和方法，提高推广效果。

四、教学成果推广后的社会效应分析（物联网单片机教学）

（一）技术普及与人才培养

物联网单片机教学成果的推广，首要社会效应体现在技术的普及和人才的培养上。随着物联网技术的快速发展，对专业人才的需求日益增加。通过教学成果的推广，物联网单片机技术得到了更广泛的普及和应用，培养了大批具备专业技能和创新精神的人才。

（1）技术普及。教学成果的推广促进了物联网单片机技术的普及，使得更多的人了解和掌握了这一技术。这不仅提高了公众对物联网技术的认知度，也为物联网技术的发展奠定了坚实的基础。

（2）人才培养。教学成果的推广还培养了大量的物联网单片机技术人才。这些人才在企业的技术研发、产品设计、生产管理等方面发挥了重要作用，推动了物联网产业的发展。同时，他们也为社会提供了更多的就业机会，促进了社会的稳定和繁荣。

（二）产业升级与创新驱动

物联网单片机教学成果的推广对产业升级和创新驱动具有积极的推动作用。随着物联网技术的深入应用，传统产业得到了改造和升级，新兴产业也得到了快速发展。

（1）传统产业改造。物联网技术的应用使得传统产业的生产过程更加智能化、自动化，提高了生产效率和产品质量。同时，物联网技术还帮助传统产业实现了数据的实时采集和分析，为企业提供了更多的商业机会和创新空间。

（2）新兴产业发展。物联网技术的发展催生了众多新兴产业，如智能家居、智能交通、智慧城市等。这些产业的发展为社会带来了新的经济增长点，也为人们提供了更加便捷、舒适的生活体验。

（三）社会经济效益提升

物联网单片机教学成果的推广还带来了显著的社会经济效益。随着物联网技术的应用和普及，生产效率得到了提高，能源消耗得到了降低，环境质量得到了改善，人们的生活品质也得到了提升。

（1）生产效率提高。物联网技术的应用使得生产过程更加智能化、自动化，减少了人力和物力的投入，提高了生产效率。这为企业带来了更多的经济效益，也为社会创造了更多的价值。

（2）能源消耗降低。物联网技术通过实时监测和控制设备的运行状态，实现了能源的高效利用和分配，降低了能源消耗。这不仅为企业降低了运营成本，也为社会节约了能源资源。

（3）环境质量改善。物联网技术在环境监测和污染治理方面的应用，使得环境质量得到了显著改善。通过实时监测和数据分析，可以及时发现和处理环境污染问题，保护人们的生态环境。

（四）社会认知与接受度提高

物联网单片机教学成果的推广还提高了社会对物联网技术的认知度和接受度。随着物联网技术的普及和应用，越来越多的人开始关注和了解这一技术，并认识到它在生活和工作中的重要性。

（1）认知度提高。通过教学成果的推广和宣传，物联网技术得到了更广泛的认知。人们开始意识到物联网技术在各个领域的应用潜力和价值，并积极参与其中。

（2）接受度提高。随着物联网技术的不断发展和完善，其应用效果也得到了越来越多的认可。人们开始接受并信任物联网技术，将其应用于生活和工作的各个方面。这不仅提高了人们的生活品质和工作效率，也为社会的可持续发展提供了有力支持。

参考文献

[1]　胡景春.单片机原理及应用系统设计 [M].北京:机械工业出版社,2020.

[2]　梁德厚,张爱华,徐亮.物联网概论与应用教程 [M].北京:北京邮电大学出版社,2014.

[3]　苏庆华,袁瑞萍,薛菲,等.物联网技术实训 [M].北京:中国财富出版社,2020.

[4]　徐勇军.物联网实验教程 [M].北京:机械工业出版社,2011.

[5]　杨维剑,王梅英,符长友,等.物联网与嵌入式系统应用开发 [M].成都:西南交通大学出版社,2017.

[6]　余立建,王茜,李文仲.物联网 / 无线传感网实践与实验 [M].成都:西南交通大学出版社,2010.

[7]　张静,李攀,杨永兆.单片机技术项目教程 [M].南京:东南大学出版社,2022.

[8]　陈晓静.基于物联网技术的单片机教学改革 [J].中国教育技术装备,2020(21):87-88.

[9]　贾俊霞.基于物联网的单片机课程教学改革探索 [J].科技风,2021(17):43-44.

[10]　赵建华.基于物联网的单片机课程教学改革探索 [J].数字通信世界,2020(5):241.

[11]　甘宏波.基于人工智能技术应用专业群物联网专业的单片机接口与技术课程教学的探究 [J].科学咨询,2021(22):202.

[12]　屈华炎.基于 Arduino 的单片机智能控制创新课程教学改革与实践 [J].物联网技术,2021(7):128-130.

[13]　李绮桥,黄浩民,聂琼,等.5G 应用背景下物联网单片机教学问题分析与研究 [J].物联网技术,2021(11):114-116.

[14]　余旺新,潘小莉,覃孟扬,等.物联网时代单片机原理及应用技术课程教学改革研究 [J].黑龙江科学,2022(21):87-89.

[15]　张秋云,郭秋梅.物联网工程专业单片机实践教学设计 [J].物联网技术,2021(1):118-120.

[16]　吴洪艳,高国宏,王润涛,等.虚实结合混合式单片机教学改革与实践 [J].物联网技术,2023(7):152-154.

[17]　张任,张鹏程.物联网工程专业中单片机课程群建设的探索研究 [J].电子世界,2019(9):24-25.